U0042565

文化脈絡中的數學

單維彰◎著

中央大學出版中心 ｜ 遠流

獻給

洪萬生 教授

他協助林炎全、楊康景松翻譯的數學史

埋下這本書的種子

數學的文化脈絡

洪萬生

臺灣數學史教育學會理事長

　　這本書主題是有關數學與數學家的故事。儘管作者單維彰教授自認為本書主要訴求是數學通識，然而，數學敘事及數學科普兩個面向的訴求，誠然也不遑多讓。事實上，本書的關鍵詞既然是「文化脈絡」，那麼，歷史敘事的進路無疑是必要的選擇，而數學普及也大都依賴如何說（數學及數學家的）故事，因此，由我這位先睹為快的數學史家來分享些許閱讀心得，似乎也頗為順理成章。

　　承維彰謬愛，將本書題獻給我，實在是受寵若驚！不過，他經由莫里斯・克萊因（Morris Kline）的《數學史》（臺灣版中譯書名，原書是 *Mathematical Thought from Ancient to Modern Times*, 1972）而愛上數學史，倒是值得珍惜的結緣佳話。克萊因的數學史著述偏向文化史的進路，可能是當時西方數學史學的常見風格，因為克萊因的早期著作《西方文化中的數學》（*Mathematics in Western Culture*）就是最忠實的見證。至於維彰在本書中所收入的〈徐光啟與數學的最初教材〉（第 6 篇），很

可能就是企圖「東西平衡」的一篇寫作，說明「東方文化中的數學」之旨趣，從而強調數學的發展離不開文化脈絡。

　　這種東西文化對比（或類比）的進路，用意不在計較哪個文化更早「達標」，而是即使針對同一命題（譬如畢氏定理），各個文化的數學家可能提出各具特色的認知方式，而帶給現代人類（尤其是學生）相當深刻的啟發。因此，如果我們將這些傑出的定理、公式或方法視為人類共有的文化遺產，那麼，如何維護及傳承，當然就是我們現代人（尤其是數學人）無可推卸的重責大任。數學史家格拉頓‧吉尼斯（Ivor Grattan-Guinness）曾指出：將人類歷史上的數學成果視同為世界文化遺產（world cultural heritage），也是非常值得推許的一種有關數學史的「研究」進路。他的主張為數學通識與數學普及建立了極有意義的連結，無論我們的主要訴求是哪一項目，兩者總是難以偏廢。

　　事實上，正如前述，本書雖然意在大學（數學）「通識」──譬如本書涉及其他領域文化活動，如「語言、文學、歷史、藝術（版畫）、電腦、選舉、教育、宗教與信仰等」，然而，在選材上卻也同時考量相關知識「普及」的可能性，因而維彰得以發揮數學的洞察力，讓所謂的通識賦予了更深刻的意義。另一方面，維彰在〈PISA 與西方的數學教育觀〉（第 9 篇）一文中，回顧了「素養」一詞的指涉及其演化，順勢對國內現行數學教育體制提出了十分細緻與體貼的觀察，其中他以自身為數學教育者的「發言位置」，使得他在本書的「現身說法」更具有說服力。這是他的書寫特色之一，值得我們注意。

　　本書之撰寫還有另外兩個特色，我必須在此特別指出。首

先，維彰在敘說數學與數學家的故事時，由於依循了具體的歷史文化脈絡，因此，他的「額外插話」不致離題，反倒使得他的博雅素養有了合適的「依托」空間。這種節制也帶出他的文字之從容表情。他的筆鋒常帶感情，總是娓娓道來，彷彿對著老友敘舊一般，縱使偶有歷史論斷或時事評論，卻始終預留「對話」空間，讓「假想的」對話者擁有足夠的迴旋可能，相當難能可貴。

總之，本書不僅內容紮實，而且從文化脈絡切入，引導我們理解及鑑賞其中數學活動多元面向的價值及意義。這是同類著述中的傑作，值得我們高度推薦！

靈魂的數學

林冠一

國立成功大學副校長

　　本書的主旨就是書名。單維彰老師的《文化脈絡中的數學》並非科普而是數學通識，科普是普及專門知識，而通識關心知識的融通，以及知識對於我們的生命與生活所產生的意義。

　　單老師認為，數學是一種語言，一種非常精準的語言，人們使用數學語言與自然對話、與藝術對話、與文學對話、與生活對話、與文化對話、與教育對話、與文明進展對話、與民主對話、與愛情對話。單老師領著我們，聆聽數學與各種領域的對話，層層疊疊、抑揚頓挫、從天上來、從心裡起，讓數學融通了生命與生活，從而讓讀者有了屬於自己的數學聲音。

　　本書碰觸到心靈，但未及深談。讓我以本書的主調述說靈魂的數學，續貂為之序。

　　數學如何描述靈魂？這裡靈魂指的是「有格有調的心靈」。

　　靈魂中住著艾雪（M. C. Escher）《極限圓盤四》裡的天使與代表邪惡的蝙蝠，而住在靈魂中央的天使與蝙蝠最大隻，越往邊緣天使與蝙蝠越小隻，但數量越來越多，在最邊緣處已看不清

楚有多少隻，雖然我知道有無窮多隻。靈魂邊緣幽暗不明之處，住著無數的邪惡，想想真讓人絕望，讓人提心吊膽；但靈魂邊緣也住著無數的天使，想想，豈不讓人充滿希望。人總是會比你可以想像得到的壞，還來得壞，但是，所幸，人總是會比你可以想像得到的好，還來得好。

靈魂的最扭曲的變形模式是連續漸變，但是靈魂最令人驚喜的演化模式也是連續漸變。只需改變一點點，每次都改變一點點，放棄了、不改回頭，沒多久立體的都能變成平面的。但，每次只需改變一點點，堅持住、安頓了，沒多久平面的也能變成立體的。靈魂漸變最重要的是方向與堅持，初心決定了方向，剩下的就只需一點點堅持所產生的慣性與習慣。困難的是初心，以及該堅持的是哪一種初心。但是一旦懷疑初心，不知不覺中就會陷入立體與平面來來回回的無盡循環中。

在缺乏深度的靈魂中，背景與前景的相互鑲嵌，互作背景與前景，思緒與感覺不斷浮現與隱沒。

靈魂在潘洛斯階梯（Penrose stairs）走遠一點，就會同時遇到年老的自己和年少的自己，一個自己、三個靈魂相遇。這是錯覺，不可能發生。但是，錯覺發生了，不可能的也會發生。

無法證明自己的靈魂如何認證衍生的真理呢？沒有基礎的公設如何指控虛假的定理？當靈魂開始懷疑自己，開始尋找自我的基礎時，過去它相信的所有真理都將開始動搖。結論不應該是懷疑論，所明白的應該是：不是所有真理都需要進一步的證成，無須懷疑的就不需要理由來支持。

靈魂是 $N+1$ 度空間體在 N 度空間的展開，重點是展開。

你的靈魂入口是隧道入口的那面黑，還是隧道盡頭的一圈光芒？進入靈魂的那些夜晚，是睡不著的夜晚（sleepless nights），還是捨不得睡的時刻（wakeful hours）？

曹操的靈魂有厚度，他認為，探究人生意義，最重要的是數學，而且越早學越好，否則追悔不及。曹丞相的〈短歌行〉：「對酒當歌，人生『幾何』，譬如朝露，去日苦多。」

徐光啟認為《幾何原本》是人人必備的基本素養，他說「學理者，怯其浮氣，練其精心。學事者，資其定法，發其巧思。故舉世無一人不當學。能精此書者，無一事不可精。好學此書者，無一書不可學。」心靈是萬物函數，但前提是心靈要精通數學。單維彰老師認為數學是一種語言，我認為語言是一種器官，所以數學是一種器官，學會一種數學就是獲得一種器官，讓你能感知到你先前無法感知到的世界。數學是一種語言，而語言讓原先隱蔽的世界開顯出來。

有人說最美的等式是歐拉等式（Euler's formula）：$e^{\pi i} + 1 = 0$，因為歐拉等式是如此的簡單，但又是如此的優美與神祕。歐拉等式的構成要素是數學中最基本的五種元素：e 稱為歐拉數（Euler's number），它是自然對數的底；i 是單位虛數，有虛的根本，它的平方是負 1；1 是算術的開始；0 是哲學上最基礎的自然數，它是位值記數法不可或缺的佔位記號；π 是圓周率。其中，π 與 e 都是無理數，小數點之後會出現永無止境且絕不循環的數字。

歐拉等式的美，小川洋子說得最好：「永無止境底循環下去的數字，和讓人難以捉摸的虛數畫出簡潔的軌跡，在某一點落地。雖然沒有圓的出現，但是來自宇宙的 π 飄然地來到 e 的身

旁，和害羞的 i 握著手。他們的身體緊緊地靠在一起，屏住呼吸，但有人加了一之後，世界就毫無預警地發生了巨大的變化。一切都歸了零。」

我認為靈魂中最美的等式是 1 = 0.999...（0.9 的無限循環）。

絕大多數人會說，0.999... 不會等於 1，0 後面的 9 無論有多少，就是到不了 1，0.999... 與 1 之間就是存在著差距。然而，這個許多人都有的直覺，卻是個錯誤的直覺。

假設 1 大於 0.999...，1 與 0.999... 之間存在著差距。假設 0 後面的 9 循環到小數點後第 n 位數停止，這 n 位數上的 9 與 1 之間差距無論有多小，都一定可以分成 10 等份，如此其中的 9 等份可以做為第 n + 1 位數的 9，那麼 0.999... 就不能停在第 n 位數上，同理可證，它不能停在任何一位數上，因此我們不能假設 1 與 0.999... 之間存在著任何差距。換句話說，如果 1 與 0.999... 之間存在著任何差距，那麼你說的 0.999... 就不是真正的 0.999...。如果你說的是真正的 0.999...，它與 1 之間就不存在任何差距，0.999... 必等於 1。

0.999... 看似不足 1，但是它小數點之後的永不止息的 9 使得它必須是 1，它是實實在在的百分之一百。

0.999... 看似永久追尋著 1，但是正是這永久不懈的追尋，讓它倆合一。不過，雖然 0.999... 原本與 1 就是一體的，但是，0.999... 還是要讓自己永不止歇地追求 1。所有靈魂真誠的追求都是 0.999... = 1。

從文化脈絡看數學的真善美

國立勤益科技大學教授、臺灣數學史教育學會副理事長

　　談到數學之美，最常被引用的詮釋大概是英國數理邏輯學家羅素（Bertrand Russell）所說：

> 數學，如果正確地看待，不但擁有真理，而且也具有至高無尚的美，正如雕塑，是一種冷峻而嚴肅的美。不必迎合我們脆弱的本性，無需如繪畫或音樂華麗的裝飾，是一種極致的純淨，只有最偉大的藝術才能展現的一種苛刻的完美。

　　對於懼怕或者厭惡數學的人而言，羅素這段話無非火上加油，令人卻步再三。匈牙利數學家艾迪胥（Paul Erdös）對數學之美則持「不可說」的態度，只能意會無法言傳。「美」本來就沒有一定的標準，以古希臘三哲為例，蘇格拉底認為美不是絕對的，它依事物的用途而定，同一事物可以同時是美也是醜的。柏拉圖認為美存在於秩序、度量、比例、一致與和諧之中。亞里斯

多德則主張美須考慮質料、形式、動力、目的。依此來看，在蘇格拉底和亞里斯多德眼中，數學本質上可能美醜兼具，只有柏拉圖始終相信數學的真與善而成就它的美。

　　本書不特別著墨於數學的真、善、美（或許是有意避談），取而代之主張「數學是一種語言」。語言是一種文化上因人、因事、因時、因地、因物而形塑的成品，難免具有模糊與抽象的本質，有時甚至必須訴諸直覺去理解不可究考的成分。既然是一種語言，就沒有所謂真、善、美的判準，自然也就不是本書的目的。只是，當讀畢本書初稿，闔上略為疲憊雙眼的那一霎那，一幅「真、善、美」的意象突然浮上眼簾。驚覺這彷彿是作者的精心布局，在第一篇先鬆懈讀者的心防，降低預期心理。殊不知在最後一篇佈了椿，描述小說中良善的女管家如何試圖理解與詮釋她的數學家主人所鍾愛最美麗數學公式的祕密，再配合作者循序漸進的推演解說，不知不覺令人感受到在一篇淡淡的傷愁故事中，數學所扮演的真、善、美。

　　當接獲寫序的邀約時，心中事實上是惶恐的。維彰兄雖約莫與我同庚，無論是在數理或人文方面，其才情高我甚多，何德何能為本書寫序？但是又想到若沒能在這本未來肯定暢銷的書上參一腳，將遺憾終身，也就快快答應，免得他反悔。只是該如何界定《文化脈絡中的數學》這本書？是一本數學敘事的書？一本數學普及讀物？抑或數學通識書籍？前言中維彰兄認為三者兼具，但我猜他心中真正想的應該是「不器」。如同他在獲選教育部第七屆全國傑出通識教師的致詞中表示，專業教育是教人「成器」，通識教育則重在「不器」，他應該不希望這本書的定位被限制，

以免讀者群的對象也被制約。

　　「文化脈絡中的數學」原是維彰兄多年來在國立中央大學開設的通識課課名，以數學人強調簡潔的個性，為何不取「文化中的數學」豈不乾脆？其實本書的重點在「脈絡」二字，細心讀者不難發現作者很重視「時空的聯結」。提到劉徽，作者指明他是山東人（不知為何，腦海瞬間出現一種違和感），大約出生在曹丕篡漢之後，又歷經司馬炎篡魏的政治事件。這一下子，《三國演義》的畫面豐富了我們對當時數學發展的想像；講到畢達哥拉斯，書中又提醒畢氏與釋迦摩尼和孔子幾乎是同代人，讓人不得不串連起歷史舞台的三位哲人；原來明朝崇禎皇帝自縊時，牛頓才剛滿周歲；說到高斯於 1799 年答辯的博士論文，書中又偷偷告訴你，那年乾隆駕崩，拿破崙開始執政，美國開國元首喬治‧華盛頓逝世；就在德國數學家希爾伯特 1900 年的世紀演講之前 49 天，德國駐華公使被槍殺，引發後續的八國聯軍攻入北京（恍然悟到，歐美數學即將振翅高飛時，當時中國卻正遍地烽火）……。是什麼樣的動機，書中要交代這些看似與數學不相關的人、事、時、地、物？因為這才是文化脈絡。數學本身是文化的一部分，要了解數學不能只看數學事件本身的發展，而是要看整個文化脈絡縱橫交織的連結。前述事件脈絡雖不是全書重點，但卻是最獨特之處。

　　維彰兄雖是數學專業，卻蘊懷一顆詩人的心。讓我們來欣賞書中如何形容艾雪的版畫。《變形 II》是艾雪一幅長達 4 公尺的作品，維彰兄是這麼說的：

從左側儉樸的文字格線出發，想像著低沉的四二拍子背景音樂，隨著正方形棋盤格經過一段變奏之後，序曲轉變爲四三拍子的第一樂章，蜥蜴從地裡爬了出來，蜜蜂也從蜂巢裡飛了出來。萬物滋長，生生不息，歡愉的樂音帶著我們來到南義地中海邊的一座小鎮，音色逐漸黯淡下來，伊斯蘭形式的防禦堡壘跨入海中，變成了西洋棋盤上的城堡。序曲的旋律再度浮現，燈光漸暗，標題文字變成了謝幕文字。

好一幅風景充滿著漂流的音符。另一幅《水坑》，書中活靈活現想像描述了畫家作畫當下的情景：

一個下午，藝術家到村裡沽酒。正好下了一場雷陣雨，就乾脆坐在酒肆裡喝一杯。雨停之後，提著酒壺搖搖晃晃地沿著泥濘小路回家。濕涼香甜的空氣鑽進鼻孔，針葉上新沾的水珠點滴滑落，一位鄉民迎面而來打了招呼，零星幾輛腳踏車碾著軟泥擦身而過。艾雪看著地上的水潭、鞋印和胎痕，潭水把頭頂上的松針捕捉下來，還順手偷摘了剛昇起的滿月。多麼令人嚮往的生活中的一個尋常的午後。

多美的文字，讓這幅版畫瞬間動了起來。

落筆至此，還是想著，究竟要如何界定這本書？與其說《文化脈絡中的數學》是一本數學敘事書，科普書，抑或是通識書，毋寧說這是維彰兄近三十年來數學學思歷程的筆記書，書中文字

處處顯現人文關懷和濃濃的個人風格。相信這本書的發行只是個開端，不出十年，我們就可以再次領略到維彰兄如何帶領我們欣賞數學，從行天宮直上外太空。

目次

前言

　　每一本書有它的使命。這本書希望闡明數學不僅是文化的產出，數學也形塑了文化。筆者的終極關懷是教育，而教育是人人參與的社會活動，所以本書的言說對象就是社會大眾。

　　本書以第 1 篇〈數學作為一種語言〉破題。語言是界定文化的主要特徵；類似地，數學不僅本身是文化的創造，數學也參與了文化的建構。啟發人心的言論經常是歷史轉折的關鍵，我們卻很難指出哪一句話改變了歷史；類似地，數學雖已實際上編織在文化與文明裡，我們卻也不能精確地抽出一蕊纖維，說：看哪，這就是數學的貢獻。數學就像語言，全面地——而且通常難以察覺地——成為建構我們思維和生活的基調。

　　數學作為一種語言，卻不是任何人的母語；即使希臘人也不能自然習得數學。數學對任何人而言皆為外語，都需要藉助母語來學習，而母語也就可能成為學習特定外語的助力或阻力。本書將在第 6、9 篇觸及華語學習數學的助力與阻力。將數學的學習視為外語學習之後，即可推知：因為語言學習的真正意義在於文

化理解，所以數學學習的真正價值在於體認由數學語言所建構的文化，特別包括它的思維方式、對待問題及其解決方案的態度，以及評價「真理」和「美」的品味。

筆者既然已經承認不可能一絲一縷地從文化中抽出數學，這本書自然也辦不到。我企圖以說故事的方式，以某種文化創造為主題，而不是以數學為主題，一層一層慢慢展開我的論述。如果我們將內容涉及數學的文件稱為數學文書，再將非專業需求的數學文書分成以下三大類：

（1）數學敘事：包含數學情節的詩歌、散文、小說（虛構故事）、傳記等。

（2）數學科普：向非數學專業之讀者說明數學知識內容。

（3）數學通識：將數學融通於文化或其他知識領域之中。

則本書內容主要屬於數學通識。書中涉及的其他領域文化活動，包括語言、文學、歷史、藝術、電腦、選舉、教育、宗教與信仰等。第 2、3 篇以文藝創作旁敲數學，第 4、5 篇為後面的內容鋪設歷史地圖。本書也有部分篇幅屬於數學敘事，例如第 6 篇藉由人物傳記，讓世界的數學發展史跟我們自己拉上更親近的關連。第 7、8、9 篇分別針對一種學生切身（熟悉）的文化活動，闡述數學的角色；在這三篇裡，數學的份量逐漸增多增重。直到第 10 篇藉由一部小說介紹微積分的成就（第 7 篇已有伏筆）。本書有些片段屬於數學科普，例如第 10 篇的最後一節試圖說明為什麼 e 的 $i\pi$ 次方是 -1 ？

筆者的初衷是對數學教育的關注。社會上（中外皆然）從不缺乏對數學教育的批評，從十九世紀後期以來，幾乎每十幾二十

年就會在美國出現一部「振聾發聵」的暢銷書，將當年美國的數學教育痛快批判一番。那些批判多少也能興起一波改革之道，但由後見之明可知，那些暢銷書對於學校教育的實際影響不大，否則就不會有下一個十年的長江後浪了。我認為數學教育的問題並不在於學習的內容、教學的方法、評量的手段，而在於許多教師以及關係人（持分者）沒有體認到：數學適合被當作一種語言來學習，而數學學習的真正價值在其文化性而非功能性。所謂關係人當然是指學生及家長，但是學生及家長是快速流動的身分，拉長時間來看，學生及家長就是社會上的每一個人。因此，數學教育的關係人就是整個社會。所以如果想要為數學教育說一些話，言談的場域不能僅限於學校，而要面對整個社會。如果社會對於數學教育的認知維持在功能層面，而不了解數學和語言的類比，也不體認數學的文化價值，則個別教師能做的改變非常有限，而技術層面的課綱、教科書與考試改革，終究只能十年復十年地繞著同一個軸心旋轉，無法創建新猷。

本書內容出自於國立中央大學通識課程「文化脈絡中的數學」的講稿，所以它理應適合當作大學通識課的讀本或參考書。我的授課對象雖然包括理工領域的高年級學生，但是從一開始就設定主要服務對象是文社領域的學生，故僅以高中必修範圍內的數學為基礎。書內雖然提及微積分，所涉的深度也可能超過許多數學科普書籍，但它們仍然屬於高中程度的合理閱讀範圍。當我將講課內容整理成書的時候，明確地將高中生假設為潛在讀者，使得此書有可能成為高中選修課程的讀本（高二或高三）。

「文化脈絡中的數學」開創於 99 學年，筆者並獲得教育部

第七屆（104學年度）全國傑出通識教育教師獎。歷屆學生的留言與評語顯示：這門課的最大價值在於啟發思考。筆者已經將他刺激學生思考的言辭寫在書裡，但是要在課程中達到啟發思考的效果，還是必須由現場教師藉由身教與言教來完成。作為學習資源之用的視聽媒體和作業題庫，都整理在筆者為這本書製作的網頁裡：shann.idv.tw/mcc。

　　本書題獻給洪萬生教授，他是數學史學大師，我自從大學時期就跟讀他的文章，在數學教育工作中遇到歷史方面的疑難都首先向洪老師探求方向；特別感謝洪老師惠賜序言作為鼓勵。另一位賜序的師長是林從一副校長，他開創了許多前瞻性的教育計畫，包括創設全國傑出通識教育獎，他也是臺灣通識教育的領航人之一。也感謝我的伙伴劉柏宏教授作第三篇序，他是科技部數學教育學門「數學文化」研究群的柱石。這三篇序好比這本書的三個面向：數學史、通識教育、數學文化。

　　這本書裡的意念和主旨，幾乎都成形於民國89至92年間我在漢聲廣播電台「關於數學的人文話題」節目的講話，然後藉由《科學月刊》從民國95到103年提供的「數‧生活與學習」專欄逐漸凝聚為文字。藉此機會感謝把我帶進電台播音室的康來新教授及梅少文女士，也感謝《科學月刊》歷屆主編及同仁提供寶貴的專欄篇幅，特別感謝曾任主編的好友蔡孟利教授為本書收尾。

　　感謝國立中央大學文學院長暨中大出版中心總編輯李瑞騰支持這本書的出版，也要特別感謝兩位匿名的審查老師提出了鉅細

靡遺的深度指教，更加提高了這本書的專業價值。感謝中大出版中心王怡靜小姐非常詳盡的編輯工作，她也是幫助我競選通識教育獎的最力伙伴。感謝國立中央大學數學系以及師資培育中心同仁給我的寬容與支持，讓我從事不立即有成果的工作；為此也須特別感謝李光華副校長、葉永烜副校長、柯華葳院長及陳斐卿主任的長期支持。感謝我的伴侶明懿教授聽過我全部的課，給我寫作的支持和修辭的專業意見。最後要感謝曾經修課的一千多位學生，我們共處的幾百個小時，以及你們寫來的筆記和作業，豐富了我的經驗也擴展了我的視野。雖然很難明確指出哪一段話有哪一位同學的貢獻，但大家肯定會在書裡察覺你／妳們留下的痕跡。

http://shann.idv.tw

國立中央大學師資培育中心與數學系

民國百零八年十二月於臺灣中壢

1

───

數學作為一種語言

以下觀念或許抵觸了許多人的認知：數學作為語言（mathematics as a language）的成分，多過它作為科學的成分。在這一篇裡，我們主要藉由數學和自然語言的類比或對比，有時候也帶出和科學的對比，帶著讀者認識數學。在過程中，我們也順便指出一些語言的學習經驗帶給數學教育的啟示。

數學是一種語言

這個觀念雖然是我在漢聲廣播電台，從民國 89 年起每週一小時講到 92 年底的廣播節目裡，對成年聽眾介紹數學的論述主軸，但是它既非原創也不孤立。[1] 例如，在民國 97 年公告的《九

───

1　那三年多的節目是每週一早上 8:00～9:00 由梅少文主持的「生活掃描」，我這一份的子標題是「關於數學的人文話題」。節目留下 159 份錄音，每份約 50 分鐘，公告於 shann.idv.tw/Teach/liberal/hansheng/。

年一貫數學學習領域課程綱要》裡，綱要制定小組的數學家和教師們陳述其基本理念，認為數學之所以被納入國民教育的基礎課程，有三項重要的原因，其中第二項就是

數學是一種語言

課綱接著闡述：簡單的數學語言，融合在人類生活世界的諸多面向，宛如另一種母語。精煉的數學語句，則是人類理性對話最精確的語言。從科學的發展史來看，數學更是理性與自然界對話時最自然的語言 [1]。人人都知道，語言是所有表達、學習甚至思維的媒介。正因為數學本身就是一種語言，所以和自然語言（例如中文和英文）一樣，是一切學習的基礎，所以被認定為國民教育的基礎課程。

在我們從語言的角度認識數學之前，想要闡明數學與科學的分辨。許多人認為數學是一種科學，就連大學裡的科層組織，也習慣性地將數學和物理、化學、生命科學等學系，合併在一個學院裡。然而數學實非科學。有人說數學是科學之母，也有人說數學是科學之僕，這些擬人化的說法或許夾雜了個人的感情，我們不便評論。中肯的說法是，如同課綱文件所指出的：數學是科學的語言。

科學家使用數學作為描述其現象或關係的語言，而數學語言更有價值的，是它經常帶著科學家從現有知識的描述出發，進一步推論未發生或者未觀察的現象。很多人認為，自然語言也是我們在日常生活中用以推論的工具。如果沒有語言，人們對於環境

變化的感知可能只會產生立即反應，而不能做更長遠的計畫。譬如說，聽到雷聲可能會害怕躲避，但是不會運用語言而推論，稍後可能要下雨了，而陽台還曬著衣服，所以要上樓去收衣服 [2]。

數學和科學有著太多根本的不同，我們稍後再擇要闡釋。人們常認為科學比較具體，而抱怨數學過於抽象；我們不打算否認。但數學之所以抽象，是因為它是一種語言，而其實……

語言都是抽象的

不僅只數學抽象，我們平常說的自然語言也是抽象的。只因為自然語言的認知，更普遍地訴諸於日常經驗，我們在「社會化」的過程中習得了自然語言，因習慣而沒有察覺它的抽象性。

說到語言的抽象，大家或許會想到美、醜、愛、恨這些字詞。但反省得更深入一點兒，就會明白，語言具有普遍的抽象性。譬如「椅子」這個名詞，是否具體地指稱某一類的物體呢？讀者只要環顧四周，或者到公園走走，逛一逛傢具店，最好再走訪現代藝術展覽館，就會逐漸發現，那些被我們輕易辨認為「椅子」的物體，是多麼地難以界定！

比如說，大家都能很輕鬆地判定，以下圖畫裡的物件都是椅子。

但是以下圖畫裡的物件，可能就不太容易判定為椅子了吧？[2]

下面這幅是椅子的照片嗎？

　　設想，假如給您一部電腦，它能憑著視覺「看」到顏色和形狀，還能估計其大小、材質、硬度和重量，您要如何寫一份描述清單，使得它可以根據視覺而判斷那是不是椅子？做這個想像的實驗，就更能體會「椅子」這個名詞的抽象性了。[3]

　　就連「椅子」這麼抽象的概念，我們都輕易地理解並且內化了，（國民教育階段的）數學還能有多難？對照國語和數學的學

2　本書使用的圖片來源都列在書末。
3　這就是為何人工智能不再以描述方式教導機器辨識「椅子」，而試圖採用人類的學習方式。

習典型，我們發現（初階的）語言都是在許多例子的經驗中模仿而成的。這使我相當樂觀地認為，只要教學過程中舉出足夠多學童認知範圍內的例子，幾乎所有學童都能理解並且內化基礎的數學觀念，剩下的需求就是讓孩童有許多實際運用數學的機會，就會熟練了。

語言都有任意性

科學是對外在事物的歸納性認識，而語言和數學是我們自己的創造，所以我們能夠控制它。例如，很久以前，如果某個很有勢力的人指著鹿說牠是「馬」，並且能夠喝令天下人必須這麼說，日子久了以後，我們今天說的「馬」就可能真的是鹿了。

雖然指稱事物的語言具有任意性，但是這通常並不影響我們討論科學或數學的真實性。譬如「馬」如果是鹿，則公「馬」就會長角，而「馬」茸也就可以入藥。同樣的道理也可以用來回答一加一為什麼等於二的這類問題。這個問題之所以困擾著數學教師，是因為它本質上不是數學問題，而是語言問題 [3]。一加一之所以等於二，只是因為一加一的意思是「一後面的那個整數」，恰好那個數在我們的語言中稱為「ㄦ丶」，而它恰好被寫成「二」。在另一種語言中，它可能被稱為 two 或者 zwei 或者 duo，或者其他各種超出我們想像力的喉舌發音，它也可能被寫成「2」或者「Ⅱ」或者其他不便印在這裡的符號。

至於任意定義的數學或語言能不能用於「溝通」？就要訴諸於社會了。我們將在第 3 篇介紹的數學作家卡洛，利用英國童謠

裡的「蛋頭」編出一段膾炙人口的「語言任意性」故事 [4]。

讓我們從現在起，撇開語言的任意性，把語言的用法固定下來。那麼，科學命題的對或錯，是由外在事物決定的，但是數學命題的對或錯，卻是人自己可以決定的。比方說，如果科學推論午夜將有月蝕，但實際觀察卻是一輪皓月當空，這只能是科學的錯，不能歸咎於月亮，也不可能改變月球（或地球或太陽）使之發生月蝕。但是，如果有人決心要讓 1 + 1 = 10 成立，即使固定了 1、0、+、以及 = 的意思，還是可以把數字 10 的定義改成二進制，就能讓 1 + 1 = 10 在數學上是對的。

語言都須訴諸直覺

數學中有些名詞或關係，不能用更基本的數學詞彙來定義或解釋，所以出現了少數的未定義名詞，以及少數不能再解釋的最基本性質或關係（稱為公設或公理，我們會在第 6 篇解釋）；它們都必須依靠直覺來了解。例如，說來或許還蠻諷刺的，在幾何學之中，幾何的最基本物件：點、直線、平面，其實並沒有數學的定義；在集合論之中，所謂「集合」卻是無法用數學方式來定義的。數學家建立了一整套關於點、線、面的完美世界，也建立了完整的關於集合的理論，但是卻把點、線、面、集合這些基本物件，留給讀者到數學以外去探尋其意義。

建立在無法更進一步解釋的基本觀念之上的數學知識體系，難道就真的有危險嗎？其實，數學如此，自然語言又何嘗不是？仔細探索日常用語，會發現有一些字詞，就是無法用更基本的其

他字詞來解釋。譬如我邀請讀者翻開字典，查詢「意義」的解釋，將會發現字典要不是刻意遺漏這個詞（例如民國 78 年出版的三民書局《新辭典》），就是它的解釋將會繞一圈回到「意義」。這絕不是中文獨有的缺陷，仔細追究英文字 meaning 的意義，也會發現一樣的結果；以下引文點出了這個現象。

> 在語意領域的學者能為「意義」提出令人滿意的解釋之前，他們都不知道自己在說什麼。[4]

這不是一個很窘的狀況嗎？我們鎮日探索著人生的意義，我們經常在言談中讚揚這個「有意義」而批評那個「沒有意義」。但是，面對這個事實吧，其實我們不能用更基本的觀念來解釋「意義」究竟是什麼意義？可是，即使接受了這個窘況，也不會阻止我們繼續探索一句話的或者一本書的或者人生的意義，對吧？

現在，您或許可以理解，何以被追問到問題的最核心的地方，即使是一代禪宗大師，也只能拈著一朵花，對你微笑。這一抹微笑，通常被解讀為：用你的心去直接領悟吧；因為語言已經達到了它的極限，不能再說明了。

4　原文是 Pending a satisfactory explanation of the notion of *meaning*, linguists in the semantic field are in the situation of not knowing what they are talking about. 語出 Willard Quine。

語言都有不可考的成分

　　人們或許可以考據文字的起源，但是沒有人知道語言的起源。而且，對語言的理解，幾乎是神祕地內建於我們的大腦；按照現在的科學認識，只能訴諸於「基因」。而這類無法考察其源也難以一一釐清的現象，中國人常歸因於「天」，西方人則通常訴諸於上帝。就像陳之藩的名句：要謝的人太多了，不如謝天吧。西方數學家普遍接受「上帝創造自然數」，例如以下名言：

　　　　上帝創造自然數，其他都是人為的。[5]

事實上「上帝創造自然數」的真正意思，就是說沒有人知道自然數是怎麼來的。

　　前述《課程綱要》的第三項基本理念，就在闡述這個神祕的認知能力：數學是人類天賦本能的延伸。且不說人們對於正方形、圓、球、平行直線的天賦認知，就看自然數吧。自然數的觀念和字詞，普遍存在於世界上每一種語言。每一位讀者，都或早或晚地在大約三歲的時候學會了唱數：從一數到十，然後數到百。這就是我們每個人的第一份數學學習成就，一切的數學都從唱數開始。

　　自然數是語言的一部分，它就像「椅子」一樣抽象。當三歲

5　原文是 God made natural numbers, all else is the work of man. 語出 Leopord Kronecker。

小童學習唱數的時候，他的心中（應該）並沒有具體的圖像，「數」就跟其他語言一樣，只是一組音節而已。稍後，兒童學會了如何運用這些抽象的音節與某些事物做一對一且映成的對應：這就是點數。點數是一個相當抽象而且「高等」的數學行為，但似乎大多數人毫不費力就學會了。接下來，我們沿著這批抽象音節向前數、向後數，發展出和、差觀念。直到這時候，數學都還是自然語言的一部分，學習數學就等於是學習語言。直到有一天，孩童被要求把這一切用符號寫下來，然後符號迅速地發展，迅速地超前了學童的經驗範圍，數學的學習才開始從語言的學習中分離出來，而「數學教育」也才開始變成一件需要刻意雕琢的事。

語言都編撰成辭典

我們可以說，古今中外的數學家以他們世代相傳對於證明的標準和堅持，合力編撰一本辭典。在這本辭典裡，他們定義自己的名詞動詞連接詞形容詞和副詞，然後利用這些經過定義的詞彙，寫出一條又一條絕對正確或者絕對錯誤或者絕對無法判定正確或錯誤的敘述句；這些經過判定的敘述句，稱為數學定理。

科學家和任何在真實情境中使用數學的人，在這本辭典裡為他們所關心的對象找尋可以指稱的名詞，並且為他們所關心的交互作用找尋可以描述的形容詞、動詞或副詞。一旦決定了詞彙和對象之間的連結，他們就能利用已經編寫好的辭典，得到某種結論。這個數學上的結論並非真理，它最多只保證了在此語言系統

之內的正確性。還要再將語言對應回現實，才能考核它客觀的正確性或實用價值。

譬如蘋果並不是球形，就算是，直徑也不盡相等。但是只要應用數學的那人，認定在他所關心的情況下，蘋果都可以被視為「直徑相等的球」，他就能引述所有相關的數學定理，譬如：

一個球的外圍最多只能同時觸碰 12 個與本身同直徑的球

來描述他在一口箱子裡堆置蘋果時，所受到的基本限制。至於他要引述哪一條定理，當然只有根據他自己的需求和目的才能決定。而他說得完不完整或漂不漂亮，也就取決於他對數學語言的熟練程度和天分了。

前面說過數學並不適合被視為一種科學。許多科學家會直接告訴你，數學家做的不是科學，他們做的是語言。持這種看法的科學家不在少數，對他們來說，數學的價值就在於這一本世代相傳的大辭典。然而，數學家寫進這本辭典裡的，都是憑空想像的結構，卻為什麼一再發現這些想像的結構竟然真的能夠對應自然界的真實？這個神祕的現象，就像語言本身的不可考一樣，可能只好訴之於老天或上帝了。

語言都須記憶

大家都有學習英文的經驗（作為第二語言）。有人說學習英文可以不必記憶太多單字，反正電子字典那麼方便查詢。但是，

請想像你正在讀英文版的《哈利波特》，如果每一句話都有十個字不認識，理論上可以一個字一個字地查，但是有任何人相信可以這樣讀一本書嗎？文字的閱讀不僅是字與詞的認識，更重要的是概念的形成。如果不能流暢地閱讀，一字一踉蹌地窒礙難行，有閱讀經驗的人都會同意：這樣很難形成概念。

因此，我們必須具備基本的文法、基本的字形變化以及最基本的幾千個字彙，才能流暢地閱讀英文文件或小說，從中獲得概念或樂趣。關於中文的閱讀，也是一樣的，只是我們更自然地學習了中文，比較不察覺它的困難。

同樣地，雖然像加減、乘法和微分這些計算，都可以用計算器完成，但是記憶最基本的運算規則與等式，才能流暢地閱讀數學文件，也才能流暢地以數學思考來解決問題。所以，記憶不見得是為了加速計算，在親友的聚會裡表演神速的心算。記憶的主要目的是為了思考的流暢性。流暢的思考有助於概念的形成與理解，當然也有助於產生創意。前一段時期，臺灣的國小數學教育以建構式的哲學領路，成功地讓學生與家長們相信，數學是一門重理解的學科。這是好的。但是可能產生過於輕忽記憶的副作用。

記憶就像金錢：記憶不是萬能，沒有記憶卻是萬萬不能。記憶是一個人真正的資產，是我們唯一能夠真正擁有的東西，它當然是寶貴而需要謹慎投資的。所以，哪些事情值得記憶？我想要說，在辦得到的範圍內，記憶越多越好。在基礎數學中，九九乘法表絕對值得投資，它能夠讓（現代社會中的）人受用一生。在此之外，11 到 20 的平方，1 到 12 的立方，以及平方公式，還有

常用單位的換算公式（例如英吋和公分），都屬於數學的基本字彙，能夠記在腦袋裡帶著走，是最好不過的了。

我見過一些同學，用「背字典」的壯舉來學習英文。具備基礎字彙之後，這不失為一種有效的學習法，但是顯然不能適用於每一名學生。而且，據說這樣學會的英文單字，在閱讀別人寫的文章時或許有用，但是比較難用在自己創作文章的時候。我相信，大多數同學的經驗是，閱讀自己感興趣的文章（例如《魔戒》），或者在自己全心投入的情境裡（例如打《暗黑破壞神》），達到最高的英文學習效率；這些情況統稱為「在脈絡中」學習。

前面說過數學家編撰了一部大辭典，所以數學也適用「字典學習法」嗎？這個問題可以和前一段做個類比式的探討。在某種範圍內，這種學習方式對某些人確實有效，但是脈絡中的學習可能對多數人更有效。可是，拿語文教材和數學教材相比，哪一種教材通常具備比較豐富的脈絡？我想，這場競賽很可能是優劣立判的。從這個觀點來審視數學教育，我們再度確認一個問題：現今的數學教材與教法，從五年級開始而越高年級越嚴重，傾向於「字典學習」而非「脈絡學習」。讓我們看看高中數學課程，一章完整的多項式，跟著一章完整的指對數，再跟著一章完整的古典機率，然後一章（幾乎）完整的三角學。這是不是就像按照一本辭典來學習？

語言都會被操弄

很多人認為數學是「真理」（下一節再解釋），所以經常把

數學或數字掛在嘴邊的人，很容易藉著人們對數學的信任而愚弄大家。有些新聞記者或談話性節目的名嘴，發展出一種伎倆，幾乎在每一句話裡面夾帶一個數字，使得其報導聽起來有非常高的可信度。有句名言說得好：數字不會說謊，但是報數字的人會。

　　自然語言當然也會被操弄，我們在商品廣告、競選口號等大眾傳播和政治環境裡，聽了太多，每個人大概都心有所感，我想最好還是別再舉例了。至於操弄數學語言的手法，其中一種是刻意地隱瞞前提：包括忽略參考坐標，忽略單位，或者忽略該項定理可應用的範圍；另一種操弄則是引導讀者按照習慣去「影射」某種結論。前者需要搭配科學素養去釐清，而後者主要還是需要數學素養。

　　許多「影射」型的數學語言操弄，都建立在讀者認為數學問題皆有「標準答案」的心態基礎上。這個迷思很可能來自於學校裡的數學教育，這是我們的遺憾。我在國立中央大學中文系有一位「情同姊弟的師長級朋友」康來新教授。她的尊翁康洪元教授是數學界前輩（他本身也是國立中央大學的校友），曾任教於國立臺灣師範大學和私立東海大學數學系。康老師提到，她從父親那裡學到關於數學的唯一一件事，就是：

數學沒有標準答案

這真是個了不起的教育。康老教授用來教育少年康老師的例子，我稱之為「康氏家學」，是問：將一張正方形的紙剪掉一角，還剩幾個角？如果你很聰明地發現了此題的陷阱，而認為「5」是

標準答案，請再想一想。注意，這個問題本身並沒有對「剪」做任何定義，因此還有更多的想像空間。

另一個例子是在網路上流傳的題目：

$$1, 2, 6, 42, 1806, \underline{???}$$

任何在臺灣受過中等教育的人，都看得懂這種沒頭沒腦的問題，就是要「依規則」填入 1806 的下一個數。按國中數學的教導，題目給了一個數列的前五項：$a_1 = 1$，$a_2 = 2$，$a_3 = 6$，$a_4 = 42$，$a_5 = 1806$，按照數學課的「潛規則」，學生們被期望要根據前五項「看出」它們的規律性，然後按照那個規律算出第六項，也就是 a_6。

幾乎每一位受過完整大學部數學教育的受試者，都以「秒殺」的速度「解」了此題。大家看出來的規則是 $a_{n+1} = a_n \times (a_n + 1)$ 而 $a_1 = 1$。這是一種數列的「遞迴關係」，得到 $a_6 = 1806 \times 1807 = 3263442$。

可是，只要能滿足前五項的規律，都是一個「合法」的規律。誰有權力武斷地說，一個規律是「正確」的，而另一個規律是「錯誤」的呢？就這個問題而言，恰好有另一個頗有趣的規律，也滿足前五項。定義 $p(n)$ 為：比 n 大的最小質數。[6] 例如 $p(1) = 2$，$p(10) = 11$，$p(11) = 13$。現在，很湊巧地，$p(2) = 3$，$p(6) = 7$，

6　所謂質數是除了 1 和本身以外，不被任何其他正整數整除的正整數，依序為 2、3、5、7、11、13、17、…。

$p(42) = 43$。所以，題目中的 a_1，a_2，$\cdots$，a_5 恰好也滿足這條規律：

$$a_{n+1} = a_n \times p(a_n)$$

按照這個規律，$a_6 = 1806 \times p(1806) = 1806 \times 1811 = 3270666$。所以，這是不是「另一個」答案？那麼，哪一個才是「標準答案」？

　　讀者或許認為，這一題運氣不好，所以有兩個答案。很不幸地，所有這類題目都有無窮多種「合理」的答案。我們在高中一年級學過：（在非退化的情況下）六個點可以決定唯一的五次多項式。令 $f(x) = c_5 x^5 + c_4 x^4 + c_3 x^3 + c_2 x^2 + c_1 x + c_0$，並設定條件 $f(0) = k$，$f(1) = 1$，$f(2) = 2$，$f(3) = 6$，$f(4) = 42$，$f(5) = 1806$，所得的五次多項式函數是

$$f(x) = \left(\frac{547}{40} - \frac{k}{120}\right)x^5 + \left(-\frac{407}{3} + \frac{k}{8}\right)x^4 + \left(\frac{3781}{8} - \frac{17}{24}k\right)x^3$$

$$+ \left(-\frac{2020}{3} + \frac{15}{8}k\right)x^2 + \left(\frac{3237}{10} - \frac{137}{60}k\right)x + k$$

如果規定 $a_n = f(n)$，則 a_1，a_2，$\cdots$，a_5 都滿足題目的條件，但是 $a_6 = f(6) = 10302 - k$。你可以用 k 設計任意一個你想要的答案，當然包括「標準」答案在內（取 $k = -3253140$ 即可）。這組插值多項式的規律完全「合理」，而且任選一個 k 就給你一組答案；就數學而言，沒有一個規律「優於」另一個規律。

　　所以，任意一個只給有限幾項而要學生「回答」下一項的問題，都是（在數學上）無聊的。換個說法，我們可以誇飾地說，只要給足了條件，數學中的任何命題都可能是「正確」的。因

為，數學是人的創作，數學的正確性不需外求，不必跟自然或社會現象做比較，只要在定義和公設的條件之下，滿足內部的一致性，就是「正確」的。

到這裡，我們應該已經認識了數學和語言的相似之處。但它們當然有所不同。除了表面上的形式明顯不同以外，最根本的不同在於自然語言順著任意性而流變，但薪火相傳的數學家卻集體抵抗任意性，堅持數學的一致性。

數學的歷時長存

因為語言的任意性是由社會決定的，所以只要獲得社會的支持，自然語言會流變，同一個字詞的用法和意義，可能隨著時代或社會次文化而改變。譬如「乖」是兩個人背對背坐在車上的樣子，以前用在負面的情況，有違背、不和諧的意思。但是，如今它用來讚揚小孩子聽話、體貼父母、不吵鬧。

相對的，數學知識體系卻恆久長存。這當然不是說數學的範圍與體系是固著不變的。數學就像所有知識體系一樣會成長，也曾經因為地域和文化而有不同的典範。但是，發展至今，全世界的數學可以說都統一在希臘的典範之下了。數學也會創新，例如發明了滿足 $i^2 = -1$ 的單位虛數 i。在數學典範之中，數學的創新都不是破壞性的，而是以最高的優先順序處理舊觀念的相容性。例如虛數 i 的性質並不破壞任意實數 a 皆須滿足 $a^2 > 0$ 的固有知識體系，卻是將實數拓展到複數 $z = a + bi$ 而保留實數的所有性質。我們可以說「數學」是人類社會裡最負起「永續經營」責任

的企業；在這 2500 年的歲月裡，我們的每一樣新產品，都保證與所有舊產品是相容的（backward compatible）。

因為數學對於相容性的堅持，數學定理不隨時間而改變其意義，所以數學常被人認為是一種「真理」。然而，就自然語言的習慣用法而言，定理與真理仍有差異。恆久不變的是數學「定理」，其內涵包括命題中的前提和所有相關概念的定義（除了未定義名詞與公設以外），然而人們口說的「真理」，卻經常不考究其前提與定義，這是危險的。

除了定理和真理之辨，為了再度闡釋數學和科學的相異，我也想談「理論」。以下，我們就簡要比較這三種「理」：

理論（Theory）、定理（Theorem）、真理（Truth）

「理論」是大家熟悉的語詞，凡是經過觀察有限幾個相關的現象，做成一般性的解釋或推論，就是一個理論。例如「氣壓下降就表示會下雨」和「他只有心情不好的時候才喝酒」都是理論。在這個意義之下，人人都知道理論是不準確的，有時候不靈的。所以，當人們說「理論上」（theoretically）的時候，多半意味著，以下的敘述可能是錯的，或者事實上不僅只如此。

數學創造定理，而科學締造理論。定理完全是人的心智創造，用人自己創造的語言，定義了某些觀念，發現了觀念與觀念之間的關係，再以演繹性的「證明」來保證那些關係的正確性。例如「偶數的平方也是偶數」和「令 a、b、c 為整數，若 $a < b$ 則 $a + c < b + c$」都是定理。

若說理論都是歸納而得，顯然昧於事實。我們怎能相信，牛頓在他那個滿地泥濘，最平穩的交通工具還是鐵輪馬車的時代，可以只憑觀察而歸納出「慣性定律」（不受力的物體以等速運動）？可見理論也有心智創造的成分，有些人僅憑極少數而且誤差極大的觀察，就靠著想像力而創造出來一套規則或解釋，成為理論。越是被尊為「偉大」的理論，當然需要越不尋常的創造力；例如牛頓「力正比於速度的變化率」理論和愛因斯坦的「光速是絕對的，時間和距離反而是相對的」理論，都是經典的偉大理論。

　　所以理論和定理的差異，並不在於歸納與演繹的兩種思考方式，而是在於客體與主體之分。當探究對象不是人類的創造，例如行星的軌跡、人的生老病死、物種的變異和滅絕、星體的紅位移等等自然科學課題，我們除了觀察以外還能做什麼？這就是說，我們是客體。有些對象雖然是人類造成的，例如朝代的興替、時尚的流變、金融的蓬勃或崩潰等社會科學課題，因為牽涉的人實在太多，多到任何個人都只能身不由己地隨波逐流，既不可能控制也無力影響，於是也被認為是事件的客體。身為客體，不論有多大的智慧，多高的創造力，也只能獲得理論，不能產生定理。

　　只有針對人類自己創造的概念或事物，也就是說，只有當人自己就是主體的時候，才能形成定理。這樣的例子並不算少，所有的藝術，包括建築、雕刻、音樂、繪畫，以及非常重要的──語言，都是人類的創造。但是，藝術涉及情感，情感受時代和心靈的影響，而這兩者都不是人類本身的創造，所以很難產生定

理。至於語言，在其邏輯和哲學的部分，的確有定理可言，但是其隨時代而意義變遷，以及隨著溝通而交互影響的部分，卻又由不得人作主了；這就是語言學最迷人之處。至於文學（包括神話與傳說）、宗教與哲學這三種創造物，我們暫不討論吧。

現在只剩下兩種可以產生定理的人類創造物了：「數學」和「電腦」。有學者揶揄「計算機科學」（computer science）是一個矛盾辭（oxymoron），因為電腦明明是人的創造，完全聽命於人的規劃，按照電子閘道所形成的電路邏輯而運行，它的行為是完全可掌握的，不需觀察歸納與實驗，何科學之有？

當一個自然現象不符合理論，我們不可能責備大自然（mother nature）做錯了。既然不能怪她不守規矩，只好回來修改自己的理論；例如那矛盾於乙太理論的光速實驗，作廢的只能是乙太理論而不是光速絕對的現象。相對的，當一個電腦程式出錯的時候，我們（正常來說）不會怪罪製造硬體的公司，卻會咒罵程式設計師或者出產軟體的公司，便反映了我們對於電腦之內有定理的正確認知。

基於客體和主體的差異，理論的驗證靠的是「證據」（evidence），而定理則是靠「證明」（proof）。證據就是更多符合理論以及其推論的事實，經常以精巧設計並嚴格執行的實驗或採集結果提出。而定理所述的每個觀念都是人自己定義的，所以我們完全知道它的性質與意義，因此可以論述其正確性。這種稱為「證明」的論述，成為一種特殊的「文體」。[7]

7　有一齣以一篇「證明」為梗的舞台劇《Proof》，獲得2001年東尼獎（Tony

所有的理論都是不能絕對肯定的，只要某天某人發現（並且被專業同儕確認）一個違背理論的證據，那個理論就錯了，即使不被揚棄，也至少得修正。相對的，經過驗證而被專業同儕確認（通常也包括時間的考驗）的定理，是絕對正確的。當有人算出矛盾於定理的答案時，不會懷疑定理而是回頭檢查哪裡算錯了。語言中有說「理論上」的必要，就反應理論可能錯誤的認知。既然定理不會錯，就沒必要說「定理上」（英文根本沒有 theoremically 這個字），只需說「根據定理」就行了。

　　按照前面的說法，看來定理是絕對正確的，這難道是說數學定理即是「真理」嗎？不是的。把數學比做「真理」是我最感到毛骨悚然的「恭維」了。

　　我不知道什麼是「真理」？讓我說明什麼是「定理」。定理是有前提、有假設的，只有在符合前提和假設的條件之下，結論才是絕對正確的；就連這個「正確」都還是以其在數學定義的意義之下而言，數學命題並不指涉超出定義範圍的所有延伸或影射。例如「令 a、b、c 為整數，若 $a<b$ 則 $a+c<b+c$」這個定理，只保證了當 a、b、c 都是整數，而且 $a<b$ 的情況下，$a+c<b+c$ 才是正確的。如果你認為當 a、b、c 是分數時也正確，你必須定義在分數之間的 ＋ 和 ＜ 分別是什麼意思？然後將整個命題重新證明一遍。命題中的 ＋ 和 ＜ 都有嚴格的數學定義，不容隨便引申和解釋。

　　Award）的最佳戲劇獎。綠光劇團將它翻譯為《求證》在臺灣演出，據說是該團唯一真正有盈餘的戲碼。2005 年製成電影《證明我愛你》，有非常強的卡司。

相對地，人們口中的真理經常不問前提，不討論定義，而認定「不論如何，它一定而且永遠是對的」。我認為，再也沒有任何一種人類的發明，能像「真理」一樣製造那麼多的仇恨，折磨那麼多的心靈，塗炭那麼多的生命。因此，我個人實在不願意說數學之中有任何的「真理」。

結語

　　有人說數學是科學，前面已經幾度說明：不是。有人說數學是哲學，本篇不就此申論，我們將在後面觸及這個議題。有人說數學是藝術，就「創造」的本質而言，確實可以這麼說，這本書也有一些呼應這個說法的篇章，但是在創作的風格和價值觀上，它們倆還是有明顯的區隔。本篇闡釋數學和語言有許多共通之處，但又不盡然相同，只是藉由大家比較熟悉的「語言」來類比於數學。數學有這麼多樣化的類比，再度說明它位居人們各種創作的交集之內。

　　如果數學是一種語言，而語言差異是文化差異的最明顯標誌之一，我們又在前言中主張數學教育受文化深刻的影響，那麼語言的差異顯然應該深刻地影響數學的教與學。確實如此，而且越貼近日常語言的基礎算術與空間觀念，其影響就越明顯。礙於篇幅與主題的設定，這是本篇無法涉及的議題，讀者不妨自己去思考和觀察。

　　本篇提出了字典學習和脈絡學習兩種觀念，雖然兩者各有其優勢，但我們還是偏愛後者。在後面的九篇裡，各級數學教師將

會發現許多可以用於課堂的脈絡性故事或切入點。因為這畢竟不是一本教材教法的參考書，我們不便指出哪個段落可以用在哪個數學主題，但這本書裡真的充滿範例。例如，我們勸大家不要固執於標準答案，並且舉了兩個例子。

以下兩篇，我們將介紹兩位傑出的創作者，把數學融入美術和文學作品中的範例。讀者或許要說那是個人天分的成就，但他們的作品畢竟在西方社會已經成為經典，幾乎家喻戶曉，這樣廣泛而深入的接受度與影響力，不能全然解釋為個人才華的魅力，而必須有文化的支持。

延伸閱讀或參考文獻

[1] 林長壽、張海潮、李瑩英、翁秉仁、陳昭地、李錦鎣、柯華葳、張煌熙、陳招池、林淑君編，《九年一貫數學學習領域課程綱要》，教育部，2008。

[2] Allan Johnson 著，成令方、林鶴玲、吳嘉苓譯，《見樹又見林》第二版，學群出版社，2003。

[3] 單維彰，〈一加一為什麼等於二〉，《科學月刊》435，232，2006。

[4] Lewis Carroll. *Through the Looking-Glass, and what Alice Found There.* Dover, 1999.

2

艾雪的心靈版畫

　　按照一般的標準，荷蘭版畫家艾雪（M. C. Escher, 1898-1972）當然不是數學家。但是數學界把艾雪擁抱為自己人，在國際大會裡為他舉辦個人畫展，在最權威的數學家傳記網站裡設立他的傳記。[1] 在此介紹艾雪的畫作，特別強調他思緒裡的數學成分，以及他和數學界的互動。

　　如今艾雪已經辭世超過四十年，應該可以安全地說，他的創作已成經典，而他的「生涯代表作」很可能是做於六十三歲的《瀑布》（*Waterfall*, 1961）。閱讀歷來的文化創作大師，將會發現一個頗為普遍的有趣現象：數學和音樂的天分成熟得較早，而畫家經常是大器晚成的。[2]

1　蘇格蘭St. Andrews大學之數學家傳記網站，稱為MacTutor。艾雪的傳記放在math-shistory.st-andrews.ac.uk/Biographies/Escher.html。
2　所有艾雪畫作請至艾雪官網（mcescher.com）參見原圖。為幫助讀者理解文本敘述與艾雪作品的關連性，本書列出所舉作品的圖示、圖片網址及圖片編號，方便讀者按圖索驥、對照查閱。

不可能的圖像

艾雪，《瀑布》，1961
https://mcescher.com/gallery/
impossible-constructions/ 圖
片編號 LW439

　　《瀑布》的畫面主角是一簾水幕，它推動了一輪水車，整棟建築座落在艾雪魂牽夢縈的南義大利。剛開始，吸睛的或許是左下角被過度放大的苔蘚，或者雙塔上的裝飾品（分別是融嵌在一起的三個正方體和三個八面體）。但是，再多看一眼，應該就覺得奇怪了：落下來的水沿著渠道流回到水車的上方，源源不絕地提供轉動水車的能量。

　　像《瀑布》這樣的作品稱為「錯視」或「錯覺」藝術，表現的重點放在我們的大腦因為對圖像的成見或概念，會自動整合作品，不合理的地方不易被發現，或者只會選擇某一個角度來觀看。而它的趣味就是，在細看之後，如果發現了巧妙的矛盾或誤導之處，就感到驚喜。

　　畫家都嫻熟透視邏輯，但很少人像艾雪這樣精妙地反向使用透視邏輯，利用它來引發錯覺，同時創造有藝術品味的作品。《相對論》（*Relativity*, 1953）這幅畫裡展示的三度空間，有三

艾雪，《相對論》，1953
https://mcescher.com/gallery/
impossible-constructions/ 圖片
編號 LW389

個互相垂直的方向（或者三種互相垂直的平面），每一個方向有自己的地心引力，就好像三個世界的人生活在同一個空間裡。例如，在版畫的中央，一個人從地窖走出來，他左邊的牆，是坐著的人的地板，而他右腳踏上去的地板，是右邊正在下樓那人的牆壁。艾雪利用黑

白對比產生凹凸兩可的效果，使得兩個不同世界的人能共用一道樓梯。這幅畫或許是畫家心目中的相對論詮釋，筆者倒覺得他詮釋的是我們的民俗信仰：同一個空間裡居住了三個不同「世界」的居民，平常相安無事，但偶爾也會意外「撞到」。

「國際數學家大會」（ICM: International Congress of Mathematicians）像奧運一樣，是個每四年舉辦一次的盛會。1954 年的 ICM 在阿姆斯特丹舉行，大會邀請艾雪做一場盛大的個展。後來成為理論物理學大師的潘洛斯（R. Penrose）當年二十三歲，以數學研究生的身分，從英國到荷蘭參加這場盛會。他在那裡欣賞了艾雪的創作，並受到《相對論》的啟發，開始思考「以透視邏輯創造空間之視覺矛盾」的最基本原理。

作為一名數學（物理）學者，潘洛斯的訓練和思考習慣，都傾向於探索事物或現象的最基本原理。經過一再簡化與抽象化之後，潘洛斯獲致了一個最基本的「可繪製於平面上的不可能空間結構」，如今稱為「潘洛斯三角形」。潘洛斯與

潘洛斯三角形

他的父親，老潘洛斯（L. S. Penrose）分享這個發現。老潘洛斯也是一名傑出的學者，應用兒子的發明設計出一系列的「不可能結構」或「模稜兩可造型」，並且用木頭製作了模型：實際上不可能，但在某個特殊視角（透視）之下，呈現了有如潘洛斯三角形的視覺效果。他們父子二人於 1958 年聯名在心理學期刊上發表了這些發現，並且寄了一份論文抽印本給艾雪 [1]。

艾雪，《瞭望台》，1958
https://mcescher.com/gallery/
impossible-constructions/ 圖片
編號 LW426

事實上，同樣在 1958 年，艾雪的《瞭望台》（*Belvedere*, 1958）幾乎與潘洛斯父子平行發展出一樣的不可能結構。繼《相對論》之後，艾雪想要挑戰更高層次的不可能：《相對論》只是不符合我們的生活經驗，並非絕不可能，而《瞭望台》則是真正的不可能。看著那眺望台的一樓，它的窄邊看來朝著左前方，但是二樓的窄邊看來朝著右前方，兩者之間的「缺口」則恰好讓一副木梯立在一樓的室內，卻搭在二樓的室外。難道裡面也是外面、外面也是裡面嗎？那可不見得。地下室鐵窗內似乎禁錮著一個人，他很清楚，裡面就是裡面，外面就是外面。

《瞭望台》的構圖原理就在圖畫裡。台階扶牆下坐著一名少年，正困惑地看著地上一張圖；或許是剛才在數學課畫的。那張長方體的示意圖由十二條線段繪成，代表長方體的十二條稜邊。但是那十二條線段有兩個交叉點，數學老師和大部分同學似乎都覺得理所當然，唯有這位少年幻想著手中的長方體，不知道那兩對交叉的線段，到底哪條在前？哪條在後？還是兩條都在前？或

模稜兩可的長方體

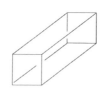

「前面」在左下方的長方體

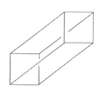

「前面」在右上方的長方體

者都在後呢？他緊握著手中的長方體，沉浸在他的困惑之中。我忍不住想，這位少年，是不是四十四年前坐在教室裡困惑不已的少年艾雪？

有人說艾雪的《瞭望台》創作靈感是來自於「內克方塊」（Necker cube），但我認為富於視覺創意的學生都不難發現，畫在黑板上的長方體線段圖有兩種可能的解釋，所以重新發現內克方塊的可能性很高。艾雪應該是獨立發現了長方體線段圖的錯視，並且賦予它藝術的詮釋。

艾雪，《升與降》，1960
https://mcescher.com/gallery/
impossible-constructions/ 圖片
編號 LW435

艾雪終於在 1960 年和潘洛斯父子會面了。那天，他們發現艾雪和老潘洛斯生於同一年；但他們當然不知道，這兩位大師也將在同一年辭世。老潘洛斯向艾雪展示了「走不完的台階」（又名「潘洛斯階梯」），小潘洛斯展示「不可能的三角形」。艾雪幾乎立刻就將前者複製成《升與降》（*Ascending and Descending*, 1960），圖中描繪了一座學院式的建築，其頂樓有許多人沿著台階攀爬而上或拾級而下，但若注意看人們的腳步，便會發現這是真實世界中不可能出現的建築結構。這個令人迷炫的迴轉梯，重複出現在後來的許多影片中[2]。

《升與降》幾乎就是《瀑布》的暖身之作。現在回顧《瀑布》，應該看得出來，艾雪的構圖裡，用了三個潘洛斯的「不可能三角形」。而且現在也更能理解數學家為什麼熱愛艾雪：因為艾雪利用透視的邏輯矛盾創造出心靈上可喜的藝術，正如數學家

利用邏輯矛盾確認出理智上可喜的真實，例如「分數的平方都不可能是二」和「質數有無窮多個」。

球面的摹寫

艾雪，《靜物與球面鏡》，
1934
https://mcescher.com/gallery/most-
popular/ 圖片編號 LW267

　　畫家都要做靜物練習，而靜物的極致練習，應該是球面的描繪吧？艾雪在三十多歲掌握了繪製球面的技巧，例如 1934 年畫的兩樣家飾《靜物與球面鏡》（*Still Life with Spherical Mirror*, 1934），畫面左邊是岳父送的波斯人面鳥鋼塑——這隻「寵物」經常進入艾雪的畫，右邊是一只鏡面的圓肚瓶，艾雪自己映在裡面，他的桌上放著一塊德國石灰岩板，他正在上面繪製這幅石版畫的原版。

　　雖然艾雪不像梵谷那麼愛畫自己，他的確也為自己留下了一些影像。在圓肚瓶上的遠距自畫像次年，他大方地把自己畫

艾雪，《手上的球面鏡》，
1935
https://mcescher.com/gallery/most-
popular/ 圖片編號 LW268

在《手上的球面鏡》（*Hand with Reflecting Sphere*, 1935）裡。畫面中的左手，其實是艾雪的右手。因為他是左撇子，必須以右手持球而左手作畫。通常，版畫家要將一幅原稿的「鏡像」刻在版上，才能印出與原稿左右一致的畫，但是艾雪並沒有對《手上的球面鏡》這樣做，他把「正像」畫在石板上，印製了「鏡像」的版畫讓我們看。其實，如

果不說，誰又知道（誰會關心）那隻手是左還是右？這就是物理學所指的對稱性。留心一下，就會發現艾雪的大部分畫作，不但是無關左右的（除了風景畫以外），甚且是左右對稱的。

艾雪在 1922 年從工藝學校畢業之後，一邊在歐陸遊歷，一邊展開了他的職業版畫家生涯。他在旅途中愛上了南義大利，並且結婚成家，不再漂泊。可是，做《手上的球面鏡》的那一年，艾雪因為不利的政治氣氛，攜家帶眷離開了羅馬。我想，這幅靜物想要留作紀念的，除了他自己的影像以外，或許是那個被收進球面裡的整個房間吧。遷出羅馬之後，艾雪曾短暫寄居於瑞士和比利時，最後在 1941 年回到荷蘭；少小離家的一趟壯遊，倏乎歷時十九年。

平面拼貼

艾雪在學校接受的是關於地磚與壁紙設計的工藝教育。地磚與壁磚，不僅其外形必須能夠鋪滿一張平面，還得考量生產技術和鋪就的美感，設計可拼湊成規律變化的圖案。不管地磚上的圖案，只討論地磚的外形是否可以無縫且不重疊地鋪滿平面，是一種稱為正規平面分割（regular plane division）的數學。在小學，正規平面分割又常稱作拼貼或鑲嵌（tessellation）。或許是因為艾雪的教育背景，使得他很喜歡拼貼，所以在這個主題留下最多的作品。臺灣的數學教育沒有拼貼主題，而且我們生活環境中的地磚大多是缺乏設計圖案的長方形，所以，我們對於拼貼的數學性質，可能感到比較陌生。相對地，英、美小學數學教育都有拼

艾雪，平面拼貼作品，
1942
https://mcescher.com/gallery/
symmetry/ 圖片編號 E56

貼主題，而且他們的生活環境中可能看到更多樣式的地磚形狀和紋飾。

所謂正規平面分割的意思，就是只用一種固定的形狀，將它平移、旋轉或翻轉，無縫且不重疊地鋪滿平面。例如艾雪在 1942年做了一幅設計圖 [3]，圖中僅有一種蜥蜴的形狀，以三種顏色鋪滿了平面。

艾雪的平面拼貼作品都具有以下特性：第一，圖案中沒有「背景」，兩組（或更多組）圖案彼此成為對方的背景，彼此「鑲嵌」或「拼貼」，鋪滿整個平面。第二，堅持創造人們「可辨認」的形象圖案，不像清真寺，因為伊斯蘭的教義不准使用生物形象，所以都採用抽象的幾何圖案作為紋飾。

國立臺灣師範大學數學系的許志農教授及研究生 [4] 做了許多正規平面分割技術的解析，讓我們了解如何以正方形或長方形、正三角形、菱形（由兩個正三角形組成）、正六邊形為基礎，經過巧妙的剪貼而設計平面分割圖案。他們並且公布了示範影片與創作集錦。

艾雪的拼貼版畫為數學界添了一篇佳話。葛登能（Martin

國立臺灣師範大學許志農教授提供

Gardner, 1914-2010）是《科學人》雜誌的專欄作者，他在某些作品上被冠以「葛老爹」的名號 [5]。我們到下一篇再詳細介紹他。葛登能是將艾雪介紹到美國和加拿大的重要推手之一。在 1975 年的兩篇專欄裡，葛登能介紹了與艾雪的拼貼版畫相關的正規平面分割數學研究。當時人們已經知道，任意三角形和凸四邊形都能鋪滿平面，任意六邊以上的凸多邊形都不能鋪滿平面，而僅有三種凸六邊形可以鋪滿平面。所謂「凸」多邊形顧名思義就是每個角都「向外凸」的意思，而數學的定義就是每個「內角」都不超過 180 度。當時人們還不清楚凸五邊形的狀況。

在葛登能寫專欄的時候，數學家已經發現了八種可以鋪滿平面的凸五邊形，而且已經停頓在這個點上半個世紀之久。一位住在美國加州南部，只有高中學歷的五十二歲家庭主婦萊斯（Marjorie Rice），每個月都會翻閱她兒子訂的《科學人》。那年 12 月，她讀了專欄之後覺得自己能夠處理這個問題。她一邊準備全家的耶誕大餐，一邊躲在廚房裡偷偷做她的數學研究。她陸續發現了五種可鋪滿平面的凸五邊形，下圖是其中一種。萊斯把她的發現寄給葛登能，葛登能將之轉給一位專業數學家，而後者給予數學證明之後，幫萊斯將她的發現發表到期刊上。從 1975 到 1977 這兩年之間，可鋪滿平面的凸五邊形種類，從八種猛進到十三種。[3]

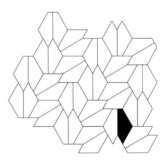

國立中央大學教學發展中心繪製

3　在 1977 年至本文初稿寫就的 2014 年之間，平面拼貼問題又沉寂了一段時間，僅於

連續漸變與循環

艾雪，《循環》，1938
https://mcescher.com/gallery/
transformation-prints/ 圖片編
號 LW305

除了矛盾和映射的妙用，以及各種對稱方式的平面拼貼以外，艾雪令數學家為之傾倒的另一類作品，就是連續漸變（morphing）。在電腦動畫時代，如今這種技術已經有軟體可以代勞大部分的技術細節，而數學家在更早以前便在「拓樸學」的 Homotopy 主題中思索這種現象。艾雪沒有看過連續漸變動畫，也沒有學過拓樸，憑著他自己的想像力和創造力而成就了這些作品。一幅早期的作品《循環》（Cycle, 1938），結合了漸變與平面拼貼兩種元素。一個跑下樓梯的快樂小人兒，從立體圖像漸變成平面圖案，以三角形（三條對稱軸）方式貼滿下方的平面，然後上升變為菱形，而三種顏色的菱形組成了正方體，融入了建築的主體，小人兒又從裡面跑出來。

艾雪或許會暗自懊惱，「循環」這個題目給得太早了，他後來做了更美妙而深刻的循環。就好像米蘭·昆德拉（Milan Kundera），似乎在他後來的作品中暗示「生命中不能承受的輕」這個題目給得太早了。艾雪在《循環》之後大約兩年而做的《變形二》（Metamorphosis II, 1939-1940），是一幅大約 4 公尺的「長

1985 年發現第十四種可鋪滿平面的凸五邊形。後來，在 2015 年又突然活絡起來了。那一年，臺灣出現了一份專門傳播數學新知的數位媒體 UniMath，該網站在 8 月報導一件新消息：發現了第十五種。後續的故事就由讀者自行延伸吧。[6]

幅」，或許比《循環》更循環些。

　　從《變形二》左側儉樸的文字格線出發，想像著低沉的四二拍子背景音樂，隨著正方形棋盤格經過一段變奏之後，序曲轉變為四三拍子的第一樂章，蜥蜴從地裡爬了出來，蜜蜂也從蜂巢裡飛了出來。萬物滋長，生生不息，歡愉的樂音帶著我們來到南義地中海邊的一座小鎮，音色逐漸黯淡下來，伊斯蘭形式的防禦堡壘跨入海中，變成了西洋棋盤上的城堡。序曲的旋律再度浮現，燈光漸暗，標題文字變成了謝幕文字。將這幅畫連成一長條，再將它在首尾都出現標題字的位置重疊黏接成一個環，就真的可以循環不已地展出了；就好像上緊發條的音樂盒，可以循環地播放。漸變過程中出現多次的平面拼貼，在簡單的幾何與複雜的生物型態之間轉換，在平面與立體間轉換，在生命與物質間轉換。艾雪完成了一幅豐富的版畫。

艾雪，《變形二》，1939-1940
https://mcescher.com/gallery/
transformation-prints/ 圖片編號 LW32

　　艾雪最具代表性的平面拼貼加漸變作品，當推《畫與夜》（*Day and Night*, 1938）。這幅作品的圖案左右對稱，顏色相反，從左邊白晝的城市與河流，沿著天空上飛行的黑鳥，將我們的視線慢慢轉換為白鳥；黑鳥與白鳥在圖片的中央分割了平面，牠們向下漸變為田野，向兩側漸變為對方的背景。在視覺效果上，這幅圖同時具備了奇對稱和偶對稱的雙重特質：就圖案的線條而言，對稱於中垂線，是一種偶對稱，就顏色而言，則左右相反，是一

艾雪，《畫與夜》，1938
https://mcescher.com/gallery/
transformation-prints/ 圖片編號 LW303

種奇對稱。[4]

艾雪,《太初》, 1942
https://mcescher.com/
gallery/transformation-prints/
圖片編號 LW326

　　另一幅拼貼漸變的作品《太初》（*Verbum*, 1942），具體表現萬物生息與生命循環的意涵。Verbum 是拉丁文，英譯為 Word，艾雪根據它在《聖經》「In the beginning was the Word...」這句話裡的位置，引用它作為「In the beginning」的意思，所以我將這幅畫的名字意譯為「太初」，而不是直譯的「字」或者「道」。

　　在《太初》這幅正六邊形構圖的中心，渾濁的灰色地帶寫著 VERBUM。從那混沌不明的太初向外延展，黑白相間的三角形逐漸演化成青蛙、游魚和飛鳥。這些生物組成另一個內接六邊形，內外六邊形之間示意了天空、海洋與陸地的白晝與暗夜。從中心向外，黑色三角形漸變成暗夜的底色，白色三角形漸變成白晝的底色。順時鐘旋轉，白色生物轉接給黑色，黑色給白色，而生命的形式也在青蛙、游魚和飛鳥之間轉換。

　　讀到這裡，或許會認為艾雪是一名基督徒。其實這很可能是個誤會：解讀他的文章，他比較像一名無神論者。艾雪的畫自在地引用基督教、猶太教、回教和佛教的元素，以《太初》為例，雖然借用了《聖經》裡的一個字，關心的卻主要是萬物的孳息，甚至還有生命形式「各站停靠」的隱喻呢。

　　艾雪創造了《蜥蜴圖案馬賽克》之後，端詳著它，有個感覺

4　前文強調「視覺效果」是因為如果按照數學語言的嚴格性來看，其實圖案的線條並未左右對稱。那是因為白鳥和黑鳥有位置高低的差異，艾雪必須以藝術的手法解決這個構圖問題。

困擾著他，覺得那一幅圖是多麼地虛假，就好
像他親手射殺了那些蜥蜴。於是，掌握了平面
與立體的漸變技術之後，艾雪著手設計讓那扁
平蜥蜴「活」起來的版畫，就產生了《爬行》
（*Reptiles*, 1943）。平面的爬蟲像一幅拼圖（後
來真的被做成拼圖），鋪在書桌上；桌上還有

艾雪，《爬行》，1943
https://mcescher.com/gallery/
back-in-holland/ 圖片編號
LW327

些物品，包括一小壺酒、一盒捲煙紙、一個正十二面體。那蜥蜴
從平面的地上爬出來，歷經幼年、少年、進取向上的青年、意氣
風發的成年，在牠人生的頂端呼風喚雨之後，開始衰老、走下坡。
最後，塵歸塵、土歸土，它又回到了平面。

尺度的循環與漸變

　　球面的精確描繪，乃至於拼貼與漸變的巧
思，並不能成就一名藝術家。艾雪從球面技
術的掌握出發，融合立體透視、球面映射、連
續漸變、循環和無窮的意念，在這條思路上走
了將近二十年，提出了一幅絕無僅有的顛峰之
作：《畫廊》（*Print Gallery*, 1956）。

艾雪，《畫廊》，1956
https://mcescher.com/gallery/
most-popular/ 圖片編號
LW410

　　讓我們的視線從右下方的大門進入畫廊，隔著廊柱和窗櫺，
我們看見兩名訪客和掛在牆上的兩列版畫。頗明顯地，畫廊裡掛
的全是艾雪的版畫。如果掛著的是艾雪截至 1956 年所做的版畫，
「這一幅」算不算在內呢？是的，「這一幅」也在畫廊裡，就是
年輕人正仰頭看的那一幅。

畫中物件的比例從畫廊入口開始，沿著畫面下緣，以「正常」的比例朝著年輕人的背影逐漸放大，造成右方遠而左側近的透視效果。但是，逐漸放大的數學規則並不理會透視的「真實性」，而逕自繼續朝上發展。在年輕人面前的那幅畫裡，下方海港裡有一艘船，後方的山坡有櫛次鱗比的房屋。逐漸放大的數學比例原則，沿著年輕人的視線繼續進行著，脫離了物質世界的真實，而進入了數學和藝術的真實。比例尺度隨著視線轉到三點鐘位置，我們看見山坡下、港邊第一排房屋的二樓，一位婦人倚在窗台，彷彿從畫裡望著畫外的年輕人。但是，婦人窗下的屋簷，就是畫廊的屋簷，而簷下的廊柱和窗檻之內，有兩位訪客正觀賞著艾雪的畫。如果左側的年輕人看得夠「仔細」，將會發現他自己在畫裡港邊第一排房子的畫廊裡，看著同樣的一幅畫。

　　用數學的說法，艾雪希望這幅畫具有「尺度的週期性」：當畫面逐漸放大到原本的尺度，則一切重複。我們經常有機會觀察尺度的週期性，只要站在互相平行的兩面鏡子中間，就會看到重複無窮多次、按比例縮小的相似景象。這種具有尺度週期性的圖畫，稱為「卓斯特特效」（Droste effect）。二十世紀的人們，早就熟悉了尺度的週期性，艾雪當然不能滿足於這種單純的週期性，而為這幅作品增加了一個「扭曲」（twist），就好像數學老師喜歡在考題中增加一些「扭曲」那樣。艾雪設想《畫廊》這幅畫要一邊旋轉、一邊放大，使得畫面旋轉「一圈」之後，恰好重複原來那一幅畫。

　　如果順時鐘旋轉將使畫面放大，則逆時鐘旋轉就將縮小，朝著畫面的中心無窮地縮小進去。但是，艾雪畢竟全憑直覺而作，

在數學上力有未逮，所以他繪製了這幅畫的（逆時針方向）「第一段」週期，而將其後無窮段的週期留在中央的空白處，簽名結案。至於艾雪為什麼想到「扭曲空間」的主意？據他自己說，是被愛因斯坦的「彎曲宇宙」理論所啟發。第一流的藝術家經常能夠欣賞科學的創意，並賦予自己的詮釋；別忘了他也有一幅名為《相對論》的版畫。

艾雪在 1956 年留下的空白，由另一位荷蘭人在 2001 年補滿了 [7]。任教於加州大學柏克萊分校數學系的連特拉（Lenstra, Jr.）教授，在搭乘荷蘭航空回國途中讀了《畫廊》的故事，他發現艾雪想要完成的變形效果，可以經由一種「非線性映射」函數達到。他先將艾雪的版畫掃描成數位圖像，然後用他設計的「映射」的反函數，將版畫還原成正常的透視比例。還原之後，可發現艾雪遺漏或不準確之處；連特拉把它印出來送回荷蘭，請那邊的藝術家補完整。將補完的畫重新數位化，就有了「直線型」的尺度週期性；再經過映射，就實現艾雪原來想要的「旋轉型」尺度週期性了。數位化之後，可以讓「畫廊」真的旋轉起來。

無窮

循環，或者週期性，固然有無窮的隱喻，但畢竟不是直接的表達。艾雪從四十歲起，在畫作裡挑戰無窮的呈現，多次設法處理無窮的概念。為了這個創作上的渴望，他一有機會就向人討教數學，並且偏執地改進他的技術。為了製作外形相似而越來越小的圖案，他把木板刨得像鏡子一樣光亮，嚴格而精密地測量，自

製極細的雕刻刀，在十二倍的放大鏡之下刻木板；而且，物件越小他就得重複越多次。

雖然艾雪在四十歲左右就認識幾位數學家，特別是結晶學者，卻是在 ICM 才結交到能幫助他更上一層樓的數學朋友，特別是加拿大數學家考克斯特（Coxeter, 1907-2003）。根據後見之明，真正令他自己滿意的「無窮」且「完美」的作品，都得在

龐加萊圓盤

1954 年 ICM 的個展之後才會發生，而關鍵因素就是獲得首屆一指之幾何學家考克斯特的指點。艾雪的「極限圓盤」系列作品，顯然受到龐加萊圓盤（Poincaré disk）的啟發，這圓盤是一種所謂「雙曲幾何」的數學結構，圓盤上每個三角形的「面積」在新的幾何意義之下都一樣大。[5]

無窮是不可觸及的：沒有畫家可以真正畫出無窮，也沒有人可以真正看到無窮。無窮，即使在數學裡看似一個可操作的物件（無窮的數學符號是∞），嚴格說來也只是個概念而並不存在。所以艾雪當然明白，他不可能真的「畫出」無窮，但是他還是很希望創作一幅讓人可以直接「看到」無窮的畫，而不是像他之前

5　一位匿名審查教授指出：故事的全貌並非單向地由數學家指點版畫家。艾雪自己鍥而不捨地研究與實驗，以藝術的直覺創作出來的版畫，超出數學家的預期，並且完全吻合數學推論，因此贏得考克斯特的讚佩 [8]。

的這類作品，讀者必須跟著作者的思路一同想像著無窮。更進一步，在他的心目中，一幅完美的無窮，必須是個圓。

艾雪總算在《極限圓盤四》（*Circle Limit IV*, 1960）達到了完美的無窮。這幅由黑蝙蝠和白天使拼貼而成的圓盤，呈現「天圓地方」而「陰陽交替」的宇宙意象。朝著圓盤邊緣變得越來越小但越來越多的天使和蝙蝠，讓我們「看到了」無窮。

艾雪，《極限圓盤四》，1960
https://mcescher.com/gallery/
mathematical/ 圖片編號 LW436

讀者可以用另一種方式理解《極限圓盤四》。先想像在平面上鋪滿同樣大小的、一環一環的黑蝙蝠和白天使。在技術上，這些圖案在平面上將會稍微臃腫變形，但這無關宏旨。然後想像在鋪滿蝙蝠和天使的平面上方，掛一顆鏡面的球。平面上無窮多的蝙蝠和天使，就全部被「收」到它的南半球了。最後再將那南半球的影像正射影成平面上的版畫，就是我們所見到的《極限圓盤四》。

數學結構

艾雪很喜歡數學結構而用在他的畫裡。最基本的結構就是多面體，例如有蜥蜴《爬行》著的正十二面體，以及《瀑布》塔頂上兩個融嵌的多面體。

漂浮於虛空中的《群星》（*Stars*, 1948）都是正多面體，或者兩個、三個融嵌的正多面體。畫面正中央是一支由三個正八面體圍成的籠子，裡面關著兩尾變色龍。艾雪在演講中提到，他做

艾雪，《群星》，1948
https://mcescher.com/gallery/
mathematical/ 圖片編號
LW359

這幅畫的動機，就是喜歡這些數學結構。選擇變色龍並沒有特殊的寓意，只是覺得這種生物很「適合」住在那支籠子裡面。這幅版畫應該是黑白的，某些彩色版本，是印製之後再手繪上色的。

臺北師大附中的彭良禎老師 [9]，以及林口國中的李政憲老師，都很喜歡多面體並且有所研究。他們產出許多可愛的作品，值得學校師生和社會大眾一同欣賞。

我們都知道一張紙有兩面。在數學上，所謂有「兩面」的意思是，想像一隻螞蟻在其中一面上爬行，如果牠無法繞過邊界，則它只能在這一面上爬行，無法涉足另一面。有一種著名的數學結構：僅有一個面的莫比烏斯帶（Möbius strip），一隻螞蟻可以不繞過邊界而爬遍整條帶子，這樣的帶子就只好說它僅有「一面」了。

《莫比烏斯帶一》（*Möbius Strip I*, 1961）呈現了深刻的數學性質：若沿著莫比烏斯帶的中線將它剪開，並不會「斷」成兩條帶子；它還是連續的一條帶子，但是恢復為兩個面了。讓我們

艾雪，《莫比烏斯帶一》，
1961
https://mcescher.com/gallery/
mathematical/ 圖片編號 LW437

想像自己走在《莫比烏斯帶一》上，右腳踏在紅色部分，左腳踏在白色部分，從任一處開始向「前」走，將會右腳永遠踏在紅色上，左腳永遠踏在白色上，而走遍這條帶子的每一處。可見那紅白兩色的帶子，整體而言只有一面，也就是莫比烏斯帶。劃分紅白兩色

的那一條縫，就好像沿著中線將它剪開似的。正因為在剛才想像的「踏察」過程中，左右兩腳踏著的顏色不曾交換，所以如果一開始兩腳都踏在紅色部分，則在不越過剪開縫隙的條件下，永遠也走不到白色部分。所以，剪開的莫比烏斯帶，還是連續不斷的一條帶子，但是可以分成紅、白兩面。艾雪用三隻抽象的魚，首尾相連地呈現了這條剪開的莫比烏斯帶。

製作莫比烏斯帶的方法很簡單，拿一張長方形的紙，將它捲成一圈，先將其中一側翻轉一次（或任何奇數次）再與另一側黏起來，也就是使得一張紙（原本）的正面跟它的背面黏接在一起，就成了。艾雪的《莫比烏斯帶一》翻轉了三次。至於為什麼「從中間剪開」不會斷掉而會多出一面呢？這個問題還是當作延伸的閱讀材料吧 [10]。

版畫的工藝、心靈與美

既然版畫的製作程序這麼麻煩，而且又有諸多表現上的限制，為什麼艾雪堅持製作版畫呢？何不直接畫在紙上就好了？他曾經解釋，第一，他醉心於這項工藝；明明知道製版程序限制了畫作，但是他喜歡「對付這些限制」的過程。第二，他著迷於複製；製版之後，可以精確地複製。他非常熱愛把畫「壓」出來的那種成就感；不但製成一幅畫每一塊版要毫釐不差，印製的時候也要精確對齊。當然，艾雪也知道必須節制複製的次數，否則保不住價格。

1965 年 3 月 5 日，艾雪在答謝荷蘭希佛薩姆（Hilversum）

市長致贈文化勳章的演講中，請市長不要以「藝術家」的榮銜稱呼他，那會令他相當難為情。他希望以「圖案藝術家」（graphic artist）的身分獲此榮譽，這是他自從進入建築與設計專科學校拜師學藝以來，就一直認同的身分。但是他的作品顯然超越了一般工藝的水準，於是，在致辭的最後，六十七歲的艾雪說，他是具備「心與靈」的圖案藝術家 [11]。

雖然艾雪謙辭「藝術家」的榮銜，我們還是這樣稱呼他吧。藝術家總是要創造「美」的作品，不一定要爭奇鬥豔，更未必要有數學結構。回到荷蘭的艾雪，也有些作品，沒有特殊的意義或目的，單純就是想要表達藝術家對於自然界簡單的美所感受的喜悅和尊敬。《水坑》（*Puddle*, 1952，三塊版套印的 woodcut 木版畫）就是一幅典範。一個下午，藝術家到村裡沽酒。正好下了一場雷陣雨，就乾脆坐在酒肆裡喝一杯。雨停之後，提著酒壺搖搖晃晃地沿著泥濘小路回家。濕涼香甜的空氣鑽進鼻孔，針葉上新沾的水珠點滴滑落，一位鄉民迎面而來打了招呼，零星幾輛腳踏車碾著軟泥擦身而過。艾雪看著地上的水潭、鞋印和胎痕，潭水把頭頂上的松針捕捉下來，還順手偷摘了剛昇起的滿月。多麼令人嚮往的生活中的一個尋常的午後。

艾雪，《水坑》，1952
https://mcescher.com/gallery/
most-popular/ 圖片編號 LW378

真實性

討論艾雪的畫作，經常導引出「真實性」的話題。的確，

「錯覺」之所以會「錯」，都是因為人總是看到他想要看到的，相信他想要相信的。[6] 傳統的哲學議題，經常討論心靈真實與物理真實的對立、並立或鏡射，但此處我們想要提出第三種真實：數學真實 [12]。

「心」和「物」兩種真實的討論，多少進入了我們的生活，所以大家都熟悉。最近有人討論第三種真實，「數學」真實。數學的結構不是物質的，它的真實性與時間和空間無關；我們很容易理解「數學」真實不同於「物」的真實；最基本地，我們無法用任何物質來定義「壹」，而且除了關於正整數的某些性質以外，數學的真實性在物質世界中根本是不存在的。再仔細想想，「數學」真實也不同於「心」的真實，數學就像宇宙洪荒一樣，並不是因為人的心靈而存在的；即使沒有任何心靈認識它，直角三角形的斜邊正方形面積還是等於另外兩邊正方形面積的和。

「心」、「物」和「數學」三種真實，互不相同亦不相容，但是以「潘洛斯三角形」那種意象彼此支持著。容我這麼說：艾雪那獨步於古今的藝術，之所以能夠直接撼動不曾受過專業訓練的赤子之心，同時廣獲心理、物理、哲學、數學專業的喝采，是因為他以優雅幽默而且精確的方式，將「數學」悄悄地融嵌在大家熟悉的「心、物」二元概念之間，讓人感受到這三種真實的並立與分立。

6　《瞞天大佈局》是一齣關於這個概念的精彩電影。

結語

艾雪的作品直到民國 103 年才首度進入臺灣，在故宮博物院做了三個月的特展。本篇內容和我當時應邀為特展寫的導覽文 [13] 有若干交集，但是前者的任務是做畫展的導覽，而這裡則側重於解釋艾雪創作理路中的數學成分，以及他和數學界的互動。

所謂「經典」都是後見之明。一份作品必須經過時間的考驗，證實它為後人開闢了新的視野，讓人跟隨、研習、批判，啟發了無數的延伸或變形，才堪稱為經典。在這個意義之下，艾雪的創作在西方社會確實是經典。雖然艾雪的成功是一個源自於特殊才華的個人成就，我們卻不該將之視為文化中的孤立事件或歷史的偶然。任何人的成就，少不了社會的支持。是因為有那麼多人與艾雪的創作產生共鳴，才成就了他的地位。這就是我們說數學在西方文化之中的意思，而且這種數學並不是學校裡用公式寫出來的數學，它有須要精確計算的成分（例如極限圓盤和旋轉的畫廊），也有直接感受的成分。

雖然我們無暇舉出更多範例，但還是要說艾雪絕非孤立個案。從達文西到畢卡索到達利，西方的畫者都朗朗上口地談論著數學。前一篇我們見到達利的「紅唇椅」，其實達利有非常深刻的數學畫，譬如《釘刑》（*Crucifixion*, 1954）裡面的十字架，是一個四度空間正立方體在三度空間的展開圖。

我們在這一篇看到數學呈現於版畫的精彩個案，下一篇向大家介紹一位以文學形式呈現數學的大師。

延伸閱讀或參考文獻

[1] Michele Emmer (director). *Fantastic World of Escher* (film), Acorn Media, 2006. Retrieved from www.youtube.com/watch?v=2McEw24HOI4

[2] Goo-Shun Wang. *Hallucii* (animation), School of Visual Arts, 2006. Retrieved from youtu.be/hhfhgbmZe9s

[3] Doris Schattschneider. *M.C. Escher: Visions of Symmetry*. Abrams, 2004.

[4] 許志農，艾薛爾鑲嵌藝術（網站），2013。取自 www.math.ntnu.edu.tw/museum/popular-science/2013-09-30-05-53-19

[5] Martin Gardner 原著，葉偉文譯，《葛老爹的推理遊戲1》，天下文化，2002。

[6] 陳宏賓，〈發現凸五邊形鋪磚的第15型〉，UniMath，2015。取自 sites.google.com/a/g2.nctu.edu.tw/unimath/2015-08/15th_pentagon

[7] de Smit and Lenstra Jr.. The mathematical structure of Escher's Print Gallery. *AMS Notices*, 50, 446-451, 2003.

[8] Doris Schattschneider. The mathematical side of M. C. Escher. *AMS Notices*, 57, 706-718, 2010.

[9] 彭良禎，藝數Fun手玩（網站），2013。取自 mathpon.blogspot.com

[10] 單維彰，沿中間剪開莫比烏斯帶，授課講義，2014。取自 shann.idv.tw/Teach/liberal/kernel/Mobius.html

[11] M. C. Escher (author), Karin Ford (translator). *Escher on Escher: Exploring the infinite*. Abrams, 1989.

[12] Roger Penrose. *The road to reality: A complete guide to the laws of the universe*. Vintage, 2007.

[13] 單維彰，《艾雪的心靈版畫——艾雪的魔幻世界畫展導覽》，故宮博物院，2014。取自 shann.idv.tw/article/escher.pdf

3

卡洛的遊戲人生

路易思‧卡洛（Lewis Carroll）是英國數學家道奇森（Charles Lutwidge Dodgson, 1832-1898）的筆名，現在卻成為他的傳世之名了。[1] 卡洛二十二歲從牛津大學基督書院（Christ Church, Oxford）獲得數學學位，並留在院裡擔任數學講師。他在數學專業上的小量貢獻屬於機率和邏輯領域，真正使他傳名於世的是兩部文學創作：《愛麗絲漫遊奇境》（*Alice's Adventures in Wonderland*, 1865）和《鏡中奇緣》（*Through the Looking-Glass*, 1872）[1]。[2] 卡洛透過這兩部經典著作，以及其他富含數學概念

1　Lewis Carroll是將他的英文名字Charles Lutwidge反過來，翻譯成拉丁文再譯回英文的結果。

2　這兩部小說在臺灣通常被統稱為「愛麗絲夢遊仙境」，筆者還是小學生的時候，便讀了東方出版社的中譯版本。讀者如果還不知道這兩部作品，本篇也將提供它們「為什麼成為名著」的部分解答。英文原版因為不再有版權而可以便宜買到 [1]，甚至可以免費下載。中文譯本可參考本篇後面的文獻 [2, 3, 4, 5]。筆者為教學所需而用原版插圖製作的網頁（shann.idv.tw/Teach/liberal/Alice99/WL-figs以及LG-figs），也可以幫助讀者獲得初步概念。

與樂趣的「遊戲」書，對數學的整體做出了卓越的貢獻。

　　本篇要介紹卡洛及他的創作；他是從數學專業進入文化領域並產生影響的一位典範人物。過程中還會觸及兩位人物：將卡洛的愛麗絲引入華文世界的語言學大師趙元任，以及卡洛在後半個二十世紀的代言人葛登能。

第一代攝影師

卡洛自拍像

　　攝影術被認定是 1839 年誕生的，當時所謂的「底片」是一塊大約 A4 尺寸的玻璃板，拍照之前才當場塗上濕答答的感光化學藥劑，曝光時間通常以「分鐘」計。攝影師不但要背著笨重的相機、腳架、底片和化學藥品跑，事實上還得帶著他的整個「暗房」跑。即使如此，攝影仍然是當年西方中產階級年輕人最潮的新玩意兒。卡洛成為第一代的攝影師，與同時代的作品相比，他的人像攝影特別地神色自然。上面照片裡略帶憂鬱的青年，就是卡洛的自拍像。

　　拜攝影術之賜，美國的內戰（南北戰爭，1861-1865）成為第一場被寫實報導的大型戰爭，引發社會震撼，而攝影的媒體角色就發展開了。至於它觸動了繪畫藝術的質變，印象派、野獸

派、立體派應運而生,則是後話。

　　因為曝光時間很長,當時大多數的人像都表情僵硬,更別說是替坐不住的兒童拍照了。卡洛用他的編故事天分哄小孩專心擔任他的模特兒,留下許多珍貴鏡頭。卡洛兩本愛麗絲故事書裡的愛麗絲,暗指 Alice Liddell(1852-1934),她是李德教授(Henry Liddell)的次女(第四個孩子),而李德教授是當時基督書院的院長,也就是卡洛的老闆。愛麗絲姊妹拍過一些中國風的沙龍照,但更有特色的或許是卡洛將愛麗絲裝扮成小乞丐的照片。

　　卡洛經歷了大英國協最輝煌的一段時期,其帝國統治著寰宇各地而發出「日不落帝國」的豪語,他們的工業鼎盛、金融繁茂、科學昌隆、戰果輝煌。例如,在卡洛十歲左右,英國國會批准了一場大膽的戰爭,鴉片戰爭;他們竟然膽敢向雄踞遠東的大清帝國宣戰。而工業和經濟急速發展所

愛麗絲裝扮成小乞丐照片

造成的重大環境和社會問題,在卡洛的時代都還來不及處理。愛麗絲裝扮成小乞丐的照片,同時記錄著環境和社會的雙重問題:背景的石牆被工廠的煤煙燻得黑漆漆的,衣衫襤褸的愛麗絲(雖然還是太乾淨了些)則反應出伴隨鄉村人口湧進城市而來的童工和乞丐現象。

　　反抗帝國與資本主義的社會思潮之一,就是共產主義。卡洛十六歲時,撼動近代政治史最劇烈的單篇文件〈共產黨宣言〉在

倫敦發表，而馬克思本人也隨後移居倫敦。幾乎與卡洛在牛津構思他的荒唐文學的同時，馬克思在倫敦伏案撰寫他那嚴肅的《資本論》。

滿紙荒唐言

卡洛的愛麗絲故事主要被分類為 nonsense 文學，其實他也數度透過愛麗絲的嘴批評他編的故事「nonsense」。Nonsense 就是沒有 sense 的意思，可以翻譯成沒意義、無厘頭、胡說八道，但我想要稱之為「荒唐」。曹雪芹固然說過他的《紅樓夢》是「滿紙荒唐言」，但那是講給他那個時代的社會聽的自謙或脫罪之詞，如今人們只會疑問當時發生在大觀園裡的故事，何荒唐之有？所以這「荒唐」的封號，還是請曹雪芹讓給卡洛吧。

第 1 篇說過「意義」是難以引用更基本的觀念來解釋的一個觀念，既然說不清楚「意義」是什麼意思，當然也說不清楚「無意義」或者「荒唐」是什麼意思。能把「荒唐」提升到文學的層次，絕不是把沒有關連的文字堆砌在一起而已，而是更精確地掌握產生「意義」的邏輯，然後反其道而行，巧妙地運用反向的邏輯克服其「意義」的產生，才能使用合情合理的文字達到「沒有意義」的境界。這就是荒唐文學（nonsense literature）的旨趣。

《愛麗絲漫遊奇境》的前六章基本上還像是童話，自從第七章「瘋茶會」開始，這本童話書就注定要成為荒唐文學的經典了。卡洛在這張下午茶的長桌上設計了三個角色：三月兔（March Hare），惰兒鼠（Dormouse）和帽匠（Hatter）。 我們就直接跳

「瘋茶會」

到關於懷錶的那一段吧。

帽匠掏出懷錶，焦躁地看著它，還不時搖一搖、附在耳朵
上聽一聽，問愛麗絲：「今天幾號了？」
愛麗絲已經被這奇幻世界搞得頭昏了，得想一想才能說：
「四號。」
「錯兩天啦！」帽匠嘆道，並且瞪著三月兔怒道：「我就
告訴你這油不行的。」
三月兔溫順地說：「那是最好的奶油了。」
……
愛麗絲從他肩膀後頭好奇地瞧著，說：「這支錶真奇怪，
它上頭顯示日期，卻不顯示鐘點。」
「這有什麼好奇怪的？」帽匠嘀咕著說，「難道妳的錶會
顯示年份嗎？」

「當然不會，」愛麗絲迅速地回答，「那是因為我們在同一年裡待得很久啊。」

帽匠說：「我的錶正是如此。」

他們究竟在說什麼啊？原來帽匠的錶壞了，三月兔說該給它上油，卻用切麵包的刀抹上了奶油。而「時間」本來是他們一夥的好朋友，他們愛時間到哪裡，他就會到那裡。直到有一天他們在紅心皇后的音樂會上唱了一首節拍完全不對的歌，她怒斥道：「你簡直是在謀殺我的時間……」，因而造成時間的誤會，就跟他們絕交了。從那天起，他們就永遠留在下午茶時刻，只有日期改變，鐘點卻不變。

那是公布答案的荒唐對話，也有沒公布答案的；或者，也可以說是作者邀請讀者共同創作的。帽匠忽然問：「為什麼烏鴉長得像書桌？」原文是：

Why is a raven like a writing-desk?

這個謎題在書裡並沒有解答，困擾了許多後世的讀者。當年即使沒有電腦網路，分散在大西洋兩岸的愛麗絲同好們還是透過書信及小郵報來交換情報。公認的最佳解答到了二十世紀初才被創造出來：「因為它們各有一個 B。」這個例子必須用英文解釋了：

Because there is a b in both.

為何是「最佳」解答？因為這是一個正確的肯定句：both 裡面的確有一個 b。但是恰好問句裡的 raven 和 writing-desk 都沒有 b，所以正好跟那個文法正確的疑問句沒有關係。就因為這兩個句子本身都正確而可理解，但是沒有關連，才使得後面那個肯定句變成前面那個疑問句的絕妙答案，否則這一問一答就有了「意義」，一旦有意義就破壞了它的荒唐旨趣，就變得無趣了。讀「懂」了嗎？這整個文字遊戲的意義就在於它的沒有意義。

愛麗絲說的「四號」是幾月四號呢？故事裡的愛麗絲究竟是不是傳說中李德院長家的二千金呢？在《鏡中奇緣》的最後，卡洛忍不住把答案藏在一首詩裡，留給後人去發掘。

趙元任的翻譯

《愛麗絲漫遊奇境》的最初譯本出自趙元任先生（1892-1982）的手筆 [2]，他的翻譯本應自成一份經典，但是就連卡洛的原著都還不算真的被華文世界認識，所以趙先生的翻譯也就跟著被塵封了將近一個世紀。西元 2000 年底，經典傳訊用趙先生的翻譯，潤飾了相隔八十年所產生的中文語用差異之後，配上 1999 年在歐洲得獎的新插圖，重新將這本書搬上童書市場，反應熱烈 [3]。

趙元任考取了美國利用庚子賠款設立的留學獎金，在十八歲赴美國康乃爾大學就讀，主修數學，輔修物理和音樂。四年畢業之後，他到哈佛大學成為哲學系的研究生，在二十六歲獲得博士學位。陸續在康乃爾大學和清華大學短期授課之後，他又於

1921 年回到哈佛大學任教，開設中國哲學和語言課程。趙元任就是在這段年輕學者的起步期間翻譯了《愛麗絲漫遊奇境》，年紀不到三十歲，比卡洛當年開始創作時年輕些；他也是在這段期間，將研究重心移到了語言學。趙先生回國之後繼續翻譯了《鏡中奇緣》，原稿毀於戰亂，直到晚年才重寫出來，夾在他編撰的《中國話讀物》第二冊裡。在他過世之後，這兩冊故事書的中譯本，才由上海商務印書館合併在一起出版。在 2005 年，《鏡中奇緣》也以新繪的插圖搭配趙先生的翻譯，以豪華的版面重新出版 [4]。

前一節說寫在《鏡中奇緣》最後的那首詩，暗藏了愛麗絲的真名。只要將每行的第一個字母直著讀下來，就會發現愛麗絲的全名：Alice Pleasance Liddell。《林以亮論翻譯》[3] 收錄了趙元任的譯詩，並譽之為「翻譯絕唱」，一併轉載於此。

A boat, beneath a sunny sky	斜陽照著小划船儿
Lingering onward dreamily	慢慢儿漂著慢慢儿玩儿
In an evening of July—	在一個七月晚半天儿
Children three that nestle near,	小孩儿三個靠著枕
Eager eye and willing ear,	眼睛願意耳朵肯
Pleased a simple tale to hear—	想聽故事想得很
Long has paled that sunny sky;	那年晚霞早已散
Echoes fade and memories die;	聲兒模糊影兒亂
Autumn frosts have slain July.	秋風到了景況換

3　林以亮是宋淇先生（1919-1996）的筆名，他曾擔任香港中文大學翻譯研究中心主任。著名女作家張愛玲的遺囑表示，將她所有的遺物都交給宋淇夫婦處理。

Still she haunts me, phantomwise,	但在另外一個天
Alice moving under skies	阿麗絲這小孩儿仙
Never seen by waking eyes.	老像還在我心邊
Children yet, the tale to hear,	還有小孩儿也會想
Eager eye and willing ear,	眼睛願意耳朵癢
Lovingly shall nestle near.	也該擠著聽人講
In a Wonderland they lie,	本來都是夢裡遊
Dreaming as the days go by,	夢裡開心夢裡愁
Dreaming as the summers die:	夢裡歲月夢裡流
Ever drifting down the stream－	順著流水跟著過
Lingering in the golden gleam－	戀著斜陽看著落
Life, what is it but a dream?	人生如夢是不錯

　　用北方的捲舌音來朗誦趙元任的翻譯，有特別動人的味道。趙先生的譯詩，並沒有將愛麗絲的名字崁入其中，畢竟再怎麼高強的翻譯，還是有其限度的。1862 年 7 月 4 日的下午，卡洛划船載著幾個孩子遊河，隨口開始編撰「漫遊奇境」的故事。十年來，他始終惦記著那一個午後。

　　卡洛利用英語的諧音字或一字多義玩弄了許多荒唐的雙關語，而無論哪個語言的雙關語，都幾乎是「拒絕」被翻譯的。但是朝另一個角度看，我感覺趙元任是專程為了挑戰第九章伯爵夫人與愛麗絲的一番「由此可見」而決定翻譯《漫遊奇境》的；在譯文中，我清楚地感受趙元任的樂在其中而游刃有餘。但是，礙於篇幅，我只能選比較短的一個橋段當作範例。

　　在《漫遊奇境》第九章，卡洛創造了一隻虛構的動物 Mock

「素甲魚」

Turtle，牠是長在烏龜殼裡的一頭小牛。其實 Mock Turtle 是牛津大學食堂的一道料理，一種用菠菜和牛肉做的羹湯，並沒有烏龜或鱉在裡面；就好比我們吃的「獅子頭」。趙元任將它翻譯成「素甲魚」。就像孩子們常做的，在陸地上學的愛麗絲與在海底上學的素甲魚，很快就開始較量誰的學校比較「優」。她問海底學校「一天要上多少課？」原文是：

And how many hours a day did you do lessons?

素甲魚說：頭一天 10 節課，第二天 9 節課，依此類推。愛麗絲評論那是個奇怪的作法，素甲魚理所當然地說：

That's the reason they're called *lessons.*

這裡玩弄的是諧音字 lesson 和 lessen，前者是「課程」，後者是「變少」。趙元任的翻譯是：

所以我才說功課有「多少」啊！因爲是先多後少的。

追隨經典的再創造

所謂經典都是後見之明。一部作品必須啟發後世的想像，使其本身一再被改編或重現，形成文化的資產，才得以成為「經典」。就好像《三國演義》和《射雕英雄傳》裡面的人物與情節，在影視和電玩裡一再被重新塑造那樣。

我們必須先擱置自己的後見之明，才能洞察經典中的偉大創意。譬如卡洛所在的 1860 年代，沒有人看過將動物擬人化或者擬物化的卡通，也沒有人看過淡入淡出的影像效果，他就憑想像力創造了這些視覺效果。例如《漫遊奇境》第六章用魚和青蛙創造「眼睛長在頭頂上」的僕役形象，後來藉由愛麗絲抱怨柴郡貓「你不要突然出現又突然消失好不好？」的情境，想像了一場「慢慢消失」的影像淡出效果：這一次牠慢慢地從尾巴尖端開始消失，最後是牠那永遠咧齒微笑的嘴，而且那笑嘴還留在樹上頗長一段時間。看到這個視覺效果，愛麗絲自言自語，原文用了顛倒對仗：唉呀，我經常見到沒笑的貓（a cat without a grin），至於沒貓的笑（a grin without a cat）倒還真沒見過。而皇宮裡的撲克牌園丁與士兵，槌球場上當作棒槌的紅鶴與當作滾球的刺蝟，也都在在是文字版本的卡通影片。

人說文化就是資產。這句話對許多身在臺灣的人們來說，總是過於抽象的一個口號。卡洛的愛麗絲和許多其他歐洲人在前兩個世紀的童話創作（綠野仙蹤、睡美人、木偶奇遇記……），哪一部不是直接地創造了二十世紀的大螢幕票房？這些都是淺而明顯的例子。只要我們看電影、讀小說的時候多留意些，就會一再

發現西方人世代相傳的經典、神話和傳說，如何豐富了他們的商業創作。我們當然也有《三國演義》、《西遊記》、《白蛇傳》和《女媧補天》，但是這些經典似乎還沒有滋養出足夠深度的媒體產品，更可怕的是這些經典本身正在遠離我們的下一代；一旦流失了，它們就不再是文化，也不能創造資產。試想，如果閱聽大眾都不知道孟江女的典故，那個含了一粒就哭倒長城的喉糖廣告，還能有效果嗎？所以，保存住文化中的經典，其實等於保護未來的一筆資產啊。

說到經典對於現代影視商品的貢獻，我舉兩個關於愛麗絲的例子。《駭客任務》第一集的開始，就連續引用《漫遊奇境》。女主角崔妮蒂不是在電腦螢幕上暗示男主角尼歐，叫他「跟著兔子走」嗎？他跟著左肩上刺著兔子圖案的女人到了酒吧，開始跟「母體」以外的人接觸，幾經波折，他見到那位黑人老大莫斐斯。黑人拿出兩粒藥丸，那時候說的話全部引述自《漫遊奇境》的原文，可惜在電影院或看 DVD 的中文字幕，都沒有翻譯出來，必須自己聽電影的對白。莫斐斯比喻吃了紅色藥丸，你就會跟著兔子掉進洞裡，不同的只是，這一次你進入的不是奇幻世界（wonderland），而是真實世界（real world）。

《駭客任務》更有深度的引用愛麗絲，是《鏡中奇緣》一場關於存在性的對話。一對小胖子說愛麗絲和他們自己都不是真正的存在，大家都只是紅國王夢中的角色罷了；只要紅國王一覺醒來，他們就「噗」地消失了。愛麗絲說不過那對雙胞胎，急得哭了起來。小胖子輕蔑地說：「妳該不會以為妳正在流落的，是真的眼淚吧？」同樣的句型也從莫斐斯的嘴裡說出來。那時候他在

虛擬電腦世界裡面訓練尼歐，教他武術，那是很精彩的一段戲。尼歐累得半跪在地上喘氣，莫斐斯酷酷地說：你想想，我們只不過是在電腦模擬程式裡面，「你該不會以為你正在喘息的，是真的空氣吧？」

　　帽匠是除了愛麗絲以外唯一橫跨兩本故事書的角色，在《鏡中奇緣》為了一樁他「還沒有」犯下的罪行而身繫囹圄。故事裡的白王后有先知能力，她在刺傷手之前先大叫了，等到真正刺傷流血的時候反而不哼一聲，因為「我剛才已經叫過了，難道還要再重複一遍嗎？」白王后預知帽匠在三週後會犯罪，所以先將他抓起來，而下週就要審判。愛麗絲問：「如果他根本沒有犯罪呢？」王后說：「那不是更好嗎？」這情節就是電影《關鍵報告》的創意來源。

蛋頭蛋腦（Humpty Dumpty）是一支英國童謠的主角，卡洛和他的插畫夥伴賦予他一個具體形象，而這個形象也進入了英美流行文化，常有機會在雕塑和動漫裡看到。[4]《鏡中奇緣》利用這個角色大玩「語言任意性」的遊戲。愛麗絲遇見他時，他搖搖晃晃地坐在牆頭（這是童謠的情節），兩人講不到幾句就開始鬥嘴，蛋頭認為

蛋頭蛋腦坐牆上

4　後來蛋頭居然成了電影《鞋貓劍客》裡面的反派角色。那角色看來跟童謠和《鏡中奇緣》都無關。

自己辯贏了，就說：「這妳就榮耀了吧。」愛麗絲說她不懂他講的榮耀是什麼意思。蛋頭冷笑一聲，說：「妳當然不懂，得等我告訴妳。那叫『被人一句話嗆垮了』。」愛麗絲當然不服，她說「榮耀」沒那個意思。蛋頭說，妳得搞清楚是誰在當家作主？「當**我**用一個字，它就得照我的意思去當它的意思，不能多也不能少。」

遊戲數學

卡洛發明了一些小把戲，有些傳到了今天。例如讀者大概聽說過一個益智問題：某位鄉民帶著一匹狼、一頭羊和一簍高麗菜渡河，他一次只能帶一樣東西，因此當他在撐船過河的時候，必有兩樣東西要留在岸上。但是不能將狼和羊留下，因為狼會吃羊；不能將羊和高麗菜留下，因為羊會吃高麗菜。請問要如何渡河？這是卡洛發明的。

利用邏輯上的謬誤，可以發展詭論。以下詭論適合初學代數的國中生測試一下自己的觀念：令 $x = 1$ 且 $y = 1$，則 $2(x^2 - y^2) = 0$ 而且 $5(x - y) = 0$。所以 $2(x^2 - y^2) = 5(x - y)$。現在把等式兩邊的 $x - y$ 約掉，得到 $2(x + y) = 5$。但是 $x + y = 2$，故得 $2 \times 2 = 5$。這是怎麼回事啊？

以下這個機率的詭論就不太容易了。他說，如果一個袋子裡有兩個用觸感無法分辨的球，已知每個都是黑色或白色的，則它們必定是一黑一白，「證明」如下。

袋子裡的兩個球，二黑的機率是1/4，二白的機率也是1/4，一黑一白的機率是1/2。假設現在投入一個黑球，則三黑的機率是1/4、一黑二白的機率也是1/4、二黑一白的機率是1/2。現在，從這裝有三個球的袋子中抽出一球，它是黑色的機率為（「三黑且抽出一黑」或「一黑二白且抽出一黑」或「二黑一白且抽出一黑」）的機率，亦即

$$\left(\frac{1}{4} \times 1\right) + \left(\frac{1}{4} \times \frac{1}{3}\right) + \left(\frac{1}{2} \times \frac{2}{3}\right) = \frac{1}{4} + \frac{1}{12} + \frac{1}{3} = \frac{8}{12} = \frac{2}{3} \circ$$

反過來，如果從一個裝有三個黑球或白球的袋子中抽取一個黑球的機率是2/3，那麼袋子中必定有兩個黑球和一個白球。我們知道剛才投入的是一個黑球，所以，還沒投入黑球之前的那兩個球，必定是一黑一白。故得證。

以上詭論出現在1893年出版的《枕頭問題集》。初版的副標題是「用在睡不著的夜晚」（sleepless nights），再版時改成正面的說法：「用在值得清醒的時刻」（wakeful hours）。說的同樣是失眠，態度卻不同，這似乎與「屢戰屢敗」改成「屢敗屢戰」有異曲同工之妙。以上詭論是《枕頭問題集》的最後一題！或許他要開玩笑，熬夜太多終究有害健康，連腦袋都糊塗了。

數學家的確有反向應用機率的作法，設法模擬一種隨機實驗取得機率的估計，用來反推未知的狀況。如果從一個裝有三顆球（每顆都是黑色或白色）的袋子中隨機抽取一球，取出放回重複很多次之後，發現抽到黑球的機率是2/3，則真的可以推論袋子裡是二黑一白。問題是卡洛設計的第一個實驗已經丟了一顆黑球

進去，那就不是一個「隨機」的事件了，所以並不適用於機率定理。

　　類似的情況也發生在頗有名氣的蒙特霍爾問題（Monty Hall Problem），那是一個綜藝節目的把戲。有三扇門，已知其中兩扇後面是山羊，一扇後面是轎車。如果來賓選中了轎車的門，就可以贏得那輛車；主持人知道轎車在哪一扇門後。遊戲規則是，來賓先選一扇門，主持人打開另外兩扇門之中有山羊的那一扇，然後問來賓要不要換？這時候主持人會創造出許多娛樂效果。如果引用學校裡的機率定理，就該相信換不換都一樣，都有 1/3 的機率選中轎車。但是，這個想法錯了。關鍵在於主持人不是「隨機」打開一扇門，他是知道答案的，他故意打開一扇沒有轎車的門。主持人的行為並不是一個「隨機」的事件，機率定理從此失效了。

蒙特霍爾問題

　　我有責任說完這個話題。如果蒙特霍爾主持人也是不知情地隨便打開一個門，而他選中了一頭羊，那麼根據機率定理，來賓

換或不換門，得獎的機率都一樣。如果把討論的時間點設定在大家都還沒選的當初，則來賓換或不換，得獎機率都是 1/3。如果把時間設定在主持人隨機打開一扇門而且看到是羊之後，則來賓換或不換，得獎機率都是 1/2。但是，在蒙特霍爾的遊戲規則之下，來賓若不換，則維持他原來的 1/3 得獎機率。可是，如果他換，則若他原來選錯了（機率是 2/3）就會變成得獎；若他原來選對了（機率是 1/3）就會變成羊。可見「不換」的得獎機率是 1/3，而「換」的得獎機率是 2/3，理性的選擇應該要「換」。

討論隨機實驗的時間點，的確是有差別的。數學老師能夠證明：抽籤的順序不影響得獎機率。但這個定理是針對大家都還沒抽的時候說的。譬如全班 30 位同學抽 30 支籤，其中只有一支得獎，為了維護秩序總得有人先抽有人後抽。萬一第一位抽籤者打開一看就得獎，顯然這個遊戲就可以結束了。在這種「條件機率」的情境下，我們實在難以說服同學們不要在意抽籤的順序。對付這種心理上的窘境，只要規定按順序抽籤（最後一位同學雖然沒選擇，但也「抽」了），抽了之後一律不許打開，把籤捏在手中求天主拜媽祖都可以，必須等到老師一聲令下全班一起開，就能感受「抽籤順序不影響得獎機率」的數學定理了。

文字遊戲

卡洛除了擅長做荒唐詩和藏頭詩以外，還做過一些「對稱詩」，例如：

I often wondered when I cursed,

Often feared where I would be

Wondered where she'd yield her love,

When I yield, so will she.

I would her will be pitied!

Cursed be love! She pitied me...

這首詩有六列，每列六個字。如果忽略標點符號，將詩中的三十六個字整齊排列出來，就會發現它是個六乘六的對稱方陣：這首詩，不管橫著讀或直著讀（由左而右），都是一樣的！

　　但要說對稱詩，其實方塊形與單音節的中文才更合適呢！國立中央大學英文系88級的陳素麗編造了一首對稱的中文藏頭詩，她把「愛麗斯夢遊仙境」崁在詩的對角線上：

```
愛 山 樂 水 怡 閒 情
山 麗 川 秀 爽 心 懷
樂 川 斯 逝 東 向 去
水 秀 逝 夢 悠 往 昔
怡 爽 東 悠 遊 歷 憶
閒 心 向 往 歷 仙 夢
情 懷 去 昔 憶 夢 境
```

　　在卡洛發明的英文文字遊戲當中，我最著迷的是 Doublets，又稱字鏈（word links）或字梯（word ladders）。玩法之一是由某人出題，亦即一個英文字，其他人依序接下一個字，每個字的長度（字母數量）須與前一個字相等，而且只准一個字母不同。有點像中文的接辭遊戲，但是接辭的規則是兩辭的首尾同字。字

梯的另一種玩法是規定了頭字和尾字，看看誰最快找到最短解（以最少量的字從頭字連到尾字）；注意，這種題目可能無解。舉例來說，從冷（cold）到暖（warm）的一組字梯，以及從猩猩（ape）進化到人類（man）的最短路徑之一，分別如下。

```
COLD      APE
CORD      APT
CARD      OPT
WARD      OAT
WARM      MAT
          MAN
```

史丹佛大學計算機科學系的演算法大師高德納（Donald Knuth）教授在 1992 年出了一道字梯題目，頭字為劍 SWORD，尾字為和平 PEACE，整個字梯寓意從戰爭到和平。他找到一條 11 字的解（含頭尾兩字）。

注釋愛麗絲

　　就算我們不敢將兩本愛麗絲故事集歸類為「童話」，它們起碼也算是「少年讀物」吧？這不就是說，我們應該輕輕鬆鬆地閱讀這兩本書嗎？但是，有人正經八百地為它做傳寫序還外加注釋導讀，出版了一本《注釋愛麗絲》，並且大賣 50 萬冊以上 [5]。

　　就算學術界願意做這種研究，一般讀者能夠從中得著什麼好處呢？我想，這些額外的解說和註釋，的確大大提高了閱讀的樂趣，也豐富了讀者的見聞。這兩本故事書畢竟已經一百四十多歲

了，有些情節因為文字流變與時空隔閡而難以領會，「注釋」將那古典的閱讀樂趣穿透時空，帶給二十一世紀的讀者。

注釋的一個例子是，愛麗絲初入奇境就遇上許多莫名其妙的事，自己的身體也變大變小好幾回，她擔心自己的腦子壞了，就想用乘法表來自我檢驗一下。她喃喃地背誦著：四五十二，四六十三，四七十四……，然後唉呀一聲，嘆道：這樣我永遠也到不了二十啊。她當然都背錯了，但是照以上規律繼續下去，應該會是 $4 \times 8 = 15$，$4 \times 9 = 16$，所以連十七都到不了，更遑論二十呢？大家或許不會在意這個小細節，反正不到十七也就是不到二十。但卡洛當初確實想要孩子們推論一下，最後會算到幾？原因是當時的英國小學生要背 12×12 乘法表，所以當時的小朋友都知道要繼續背 $4 \times 10 = 17$，$4 \times 11 = 18$，$4 \times 12 = 19$，因此到不了二十。再想想，在英語世界背誦 12×12 乘法表也是很自然的，因為在他們的語言裡面，從十三才開始引入十進位觀念；以英語為母語的孩子，從壹（one）一路唱數到拾貳（twelve），而且將它們每一個都當作獨立的概念，是很自然的事。

由此我們可以仔細想想，我們的語言在數學學習上有多少優勢？似乎大多數國人都有一個認知：我們的孩童在小學階段的數學能力普遍優於西方孩童，但是這種優勢在初中之後就逐漸消失了。如果這個「印象」屬實，會不會是華語和英語的差異造成的？因為初級的數學學習幾乎就是語言的學習，所以語言的優勢帶著我們走在前面；等到數學逐漸脫離了日常語言，語言的優勢就消失了，而個人的數學學習成效就逐漸回到了個人的因素。

《注釋》為瘋茶會提供一則軼事：羅素（Bertrand Russell,

1872-1970）居然長得非常像帽匠而得了「瘋帽匠」（mad hatter）的外號。羅素和《鏡中奇緣》誕生於同一年，他在劍橋的三一學院主修數學，特別鍾情於邏輯，叛逆不羈又愛搞邏輯矛盾的把戲，很適合瘋帽匠的形象。雖然羅素出自數學，卻以哲學家的身分傳世；他在 1910 年代試圖以邏輯奠定數學的堅實基礎，並樹立了一個學派，但是這整個理論崩潰了，我們另外再說。

羅素在 1920 那個學年訪問中國，趙元任為他隨行翻譯。我不知道趙先生是否在那個時候透過「瘋帽匠」認識了卡洛的作品？但據說趙先生每陪同羅素到一個地方，就試著用當地的方言翻譯，從而對語言學產生了研究的想法。翌年，趙元任再赴美國之後，就逐漸轉型為語言學者了。

羅素和卡洛都在數學領域裡研究邏輯，但是學者普遍而言並不認為邏輯是一支數學。英國的邏輯學受布爾（George Boole, 1815-1864）學說的影響很深，卡洛和羅素都是他的後繼者。布爾發明了一套邏輯演算的符號系統，稱為布爾代數（Boolean algebra），也有人音譯為布林代數，其實 Boolean 只是 Boole's 的另一種說法。布爾代數可以將複雜的邏輯命題轉換成符號，然後像數字一樣做加、減、乘的計算，於是人們不必再爭論其命題的真偽，只要坐下來小心地計算就好了。布爾代數將成為計算機科學的數學基礎，而卡洛則運用它來發明新的遊戲。

每個月寫一篇文章的職業

《注釋愛麗絲》的作者葛登能是一位臺灣讀者並不算陌生的

數學「科普」作家；博客來網路書店羅列了 14 本他的中譯書。他也寫過一本卡洛的傳記 [6]。他的職業生涯從四十三歲才正式開始：擔任《科學人》（*Scientific American*）雜誌「數學遊戲」（Mathematical Games）的專欄作者，直到 1981 年六十五歲屆齡退休為止。在幾乎二十五年的時間裡，每個月寫一篇 6 到 8 頁的專欄文章，就是他的全職工作。而且，他曾在訪談中說，這份工作足以讓他一家四口在紐約上城區過個「體面的生活」（a decent life）。

葛登能的專欄非常成功，不但獲得科普讀者的喜愛，也獲得專業數學家的讚賞。他和當代幾乎每一位「知名」的美國數學家都有通信或訪談紀錄，他可以將抽象而先進的數學，介紹給受過普通教育的社會人士。數學界也被他那輕鬆、家常、有趣而又正確的敘述方式折服，而譽之為「以娛樂與遊戲方式介紹嚴謹與抽象數學」的第一把好手，並經常有人要頒給他數學專業的榮譽（例如榮譽博士學位）；據說他總是婉拒，自謙僅是一名「述而不作」的專題記者。儘管如此，他還是名列權威的數學家列傳之中，[5] 也跟赫赫有名的數學家陳省身等人同列美國數學學會（AMS）的斯蒂爾（Steele prize）受獎人名單。

葛登能只有大學文憑，主修哲學，成績單上連「微積分」都沒有。大學剛畢業就因為第二次世界大戰被徵召入伍，在海軍擔任水兵，並無特殊戰功。戰後雖然回到校園讀研究所，但是很快

5　即第 2 篇介紹過的 MacTutor 網站，葛登能的傳記在 mathshistory.st-andrews.ac.uk/Biographies/Gardner.html。

就輟學了。離開校園之後，他在「偏遠」的家鄉奧克拉荷馬州做過地方小報的記者，1952 年舉家遷至紐約，成為自由撰稿人。

在葛登能找到「全職」工作以前，曾為許多不同的報章雜誌撰文，包括一本兒童雜誌。他將一則為兒童寫的摺紙遊戲，發展成科普等級的作品，投稿《科學人》。就在這篇文章被接受之後，他接到雜誌社的來電，請他考慮開闢一個專欄，並擔任雜誌的約聘專欄作者。葛登能立刻接受了這份合約，並且跑遍曼哈頓所有的舊書店，把所有跟數學遊戲、謎題、娛樂有關的書籍全買回家，正式開始了這個職業生涯。

我最感到好奇的，倒不是葛登能如何瞭解那些數學？如何寫出那些文章？我最想知道究竟是誰有如此準確的眼光和過人的膽識，只憑一篇投稿的文章，就敢雇用一名沒有正確學歷的四十二歲中年人？原來此人正是《科學人》的發行人皮歐（Gerard Piel, 1915-2004），他掌管這本雜誌長達四十年，可謂一手打造了它的地位和銷售量。皮歐先生是美國一家啤酒公司的世家子弟，哈佛大學畢業，主修歐洲史；他的第一份工作是為《生活》雜誌（Life）寫科學報導，從此決定將「推廣科學的普及知識」當作個人的生涯職志，因而創辦了《科學人》。

一個健全的社會，簡單地說，就是每一個座位上坐了一個最適當的人。於是，良性循環就開始了。那個適當的人會把他份內的事情做好，而且當有需要做判斷和決定的時候，也會適當。又因為有其他適當的人做好社會上每一件不屬於自己的事，所以每個人可以全心做好自己適當的工作。就像皮歐在適當的位子上給了葛登能最適合的舞台，當年也有一位識貨的李德院長，坐在牛

津大學的適當位子上，給了卡洛一席適當的座位，讓他悠哉地發展荒唐文學和數學與文字遊戲。

臺灣能不能孕育一個葛登能呢？我認為這不只是教育問題和眼光問題，還有市場問題。就算臺灣的葛登能物質需求比較低，每個月只要臺幣六萬元就能過個體面的生活，如果他每個月要寫出 6 頁的文章，而且每位作者都該獲得相同待遇，則這份雜誌的每月成本不下 400 萬元。在臺灣，有沒有一本雜誌能夠創造每個月 400 萬元的營業額？可見，如果臺灣沒有葛登能，不一定是臺灣的人才不足或者制度有缺陷，很可能是單純的市場問題。

結語

左邊是卡洛的兩冊愛麗絲故事書的封面，皆為套色的版畫。這一篇在臺灣的英語教學界以及美國的華語教學單位講過，為了那些任務，我將部分英文精彩片段及中文的絕妙翻譯，搭配原版插圖放在網路上，可供讀者進一步欣賞。[6]

我們說過，作品的成功不僅是因為個人才華，還有賴於社會的支持。卡洛不但被庶民市場接受，也受到文化菁英的擁護，最具體的讚頌就是在 1982 年將他「入祠」了。位於英國倫敦的

6　《夢遊奇境》的網址是 shann.idv.tw/Teach/liberal/Alice99/WL-figs/，《鏡中奇緣》是 shann.idv.tw/Teach/liberal/Alice99/LG-figs/。

西敏寺，其實是一座華麗的皇家室內墓園，英國國王的登基大典和皇親國戚的受洗與婚宴也經常在那裡舉行；寺裡除了葬著帝王將相以外，也有功勳卓越者的墳墓或紀念牌坊，例如牛頓的墳就在中殿之一角。在西敏寺的祭壇側翼有一塊稱為詩人之隅（Poets' Corner）的區域，可謂英格蘭寫作者的國家祠堂，供奉著像莎士比亞、狄更斯、艾略特和拜倫這些人。[7] 在這個祠堂裡，有一塊象徵著兔子洞的卡洛紀念地磚。

我們在第 2 篇就提過葛登能，他是將艾雪的作品介紹進北美市場的重要推手；本篇藉葛登能說「健全」社會對於發掘人才的重要性。怎樣的社會才容易「健全」呢？民主制度當然有幫助，但是民主在制度上只是一套程序而已，它的實際價值在於隱藏其內的態度和觀念，我們將在第 8 篇回到這個話題。羅素早年認為所有數學都是為了實際應用的目的而生，僅只布爾代數是純粹思想上的產物，所以布爾代數不會有任何應用。即使睿智如羅素也在這裡大錯特錯了，後人發現布爾代數是電子計算機的邏輯電路基石，它成為後半個二十世紀最重要的應用數學之一。我們將在第 7 篇概述計算的大歷史。

在西方，文采豐富的數學家很多（羅素還是諾貝爾文學獎得主呢），能夠在故事裡隨筆添一段數學元素的西方作家也很多；在明治維新兩甲子以後，日本也開始出現具影響力的數學文學作品了，本書最後一篇就要介紹它。臺灣近年也有融入數學的文學

7　供奉在詩人之隅的多數人只有牌位，並非真的葬在那裡。前述作家之中，只有狄更斯的墓真在西敏寺。

作品，例如王文興的短篇小說 [7] 和曹開的詩 [8]，但這些作品可能還沒開始對我們的文化產生影響。

延伸閱讀或參考文獻

[1]　Lewis Carroll. *Alice's adventures in wonderland & through the looking-glass.* Bantam Classics, 1984.

[2]　Lewis Carroll原著，趙元任譯，《阿麗思漫遊奇境記》，上海商務印書館，1922。1988年再版時，內附《阿麗思漫遊鏡中世界》譯本。

[3]　Lewis Carroll原著，海倫・奧森貝里插圖，趙元任譯，賴慈芸修文，《愛麗絲漫遊奇境》，經典傳訊文化，2000。

[4]　Lewis Carroll原著，海倫・奧森貝里插圖，趙元任譯，《阿麗思走到鏡子裡》，尖端出版，2005。

[5]　Lewis Carroll (author), Martin Gardner (editor). *The annotated Alice: The definitive edition.* WW Norton, 1999. 根據後來擴編本而翻譯的中文版是：陳榮彬譯，《愛麗絲夢遊仙境與鏡中奇緣：一百五十週年豪華加注紀念版，完整揭露奇幻旅程的創作祕密》，大寫出版，2016。

[6]　Martin Gardner. *The universe in a handkerchief: Lewis Carroll's mathematical recreations, games, puzzles and word plays.* Springer, 1996.

[7]　王文興著，康來新編，《原來數學和詩歌一樣優美──王文興新世紀讀本》，國立臺灣大學出版中心，2013。

[8]　曹開著，呂興昌編，《獄中幻思錄──曹開新詩作品集》，彰化縣立文化中心編印，1999。

4

看郵票說數學大歷史（上）

　　文化固然不等於歷史，但我們難免要在歷史中探尋文化的脈絡。現在我們將要藉著世界各地發行的郵票，敘說數學發展的歷史梗概。因為郵票是某地發行的，所以採用郵票作為展現歷史的媒介，使得歷史有機會跟地理發生連結，同時也因為郵票有「言」簡意賅的圖畫，所以提供了更多閱讀的樂趣。[1]

數學的起源

　　五千年前的美索不達米亞文明創造了文字，而文字最初的功能之一是為了記帳；既然書寫是為了記帳，當然就少不了數字。因此，自從有文字以來，就有數字。下頁的郵票呈現一塊蘇美泥板，那是目前所知最老的一批書寫遺跡。這塊泥板可能記錄著某

1　本文之初稿發表於《高中數學學科中心電子報》第128期，民國106年11月。

蘇美泥板，溫達南非自治邦發行

個單位的食物配給量 [1]，所以說它是帳本。

在遺留的泥板之中，有些可能是培訓書記或稅務官吏的教材，有些可能是他們寫的作業。內容主要是以蘇美人的數字系統做加、減、乘法的計算，也就是算術；但這些泥板顯示當時可能已經知道畢氏定理，用現代的話來說就是直角三角形的兩股平方和等於斜邊的平方。三角形的邊長不必為正整數，例如 1、1、$\sqrt{2}$ 亦可組成直角三角形的三邊長，但是所謂畢氏三數組則專指滿足 $a^2 + b^2 = c^2$ 且最大公因數為 1 的三個正整數 a、b 和 c，例如 (3,4,5)、(5,12,13) 等；泥板上記載著最大值超過十萬的畢氏三數。現在我們知道一套公式，可以產生無窮多組畢氏三數，但是當時的蘇美人應該還不知道 [2]。既然知道畢氏定理，蘇美人想必也懂一些幾何。

蘇美泥板的郵票是由溫達（Venda）南非自治邦發行的；它是南非還在施行種族隔離制度的時候，劃分出來的許多種族自治邦（Bantustan）之一，現在已經合併成一個國家：南非，只留下兩個獨立的國中國：賴索托和史瓦帝尼。史瓦帝尼是臺灣的邦交國，其國王曾出席馬英九的總統就職典禮。Venda 原本在史瓦帝尼的北方。

畢氏三數組不僅出現在美索不達米亞的泥板上，也寫在第二批古老的書寫遺跡「埃及草紙」上。草紙是古埃及人用一種像蘆葦的植物壓製而成的粗糙頁面，可在其上書寫。下頁這枚郵票呈

現了史稱萊因數學草紙（Rhind Mathematical Papyrus）的一部分，內容也是畢氏三數組，而用途也可能是教材。

萊因數學草紙，德意志民主共和國發行

　　為了記帳、發餉和稅收，我們可以理解巴比倫和埃及的部分官吏要學算術。至於幾何測量呢，按照目前的推論是因為他們都居住在大河流域，每當河水氾濫過後，得按照土地權狀所載的持分重新規劃；有效治理的政權當然要能夠正確而令人信服地重劃土地，分配給各路諸侯。據說這就是幾何學的濫觴。埃及人遺留的金字塔，顯示他們的測量能力遠高於劃分土地的需求，也顯示他們有「量天」的能力。因為直角三角形是測量技術的基礎，畢氏定理是直角三角形的根本性質，畢氏三數組則是畢氏定理的實際應用，所以它們會出現在古文明的官吏教材上。

　　前面兩枚郵票的蘇美泥板和埃及草紙都是大英博物館的收藏。因為這些考古證據，現在大家雖然還說「畢氏」定理，但並不認為它是希臘人畢達哥拉斯發現的，而是他在中亞或埃及學習之後，帶回希臘形成他的學派而傳遞下來的。

　　第二枚郵票的發行國家也不存在了：德意志民主共和國。第二次世界大戰之後，戰敗的德國被分割成東、西兩塊，前述這個「民主」共和國曾經在它的邊界築起一道圍牆，駐守的衛兵可以射殺想要翻牆出去的人；它俗稱東德。當著名的「柏林圍牆」在1989年倒塌之後，東、西兩德統一成一個國家：德國。

　　無三不成禮，再看一枚「不存在」國家的郵票吧：阿拉伯聯

埃及書記，阿拉伯聯合共和國發行

合共和國（UAR）是衝著以色列復國而由埃及和敘利亞成立的聯邦，敘利亞在三年之後就脫離了，但埃及還繼續以這個名字自稱了將近十年，直到換了另一名政治強人之後才結束，而 UAR 這個名字就在國際社會中消失了。

這枚郵票是搭配埃及的科學計算中心發行的，畫面顯示兩名古埃及的書記官吏正在清點穀物，而隱喻著需要大量的計算。可見算術和幾何都出自於社會管理的實際需要，各個古文明的情況應該都相似，亦即：數字伴隨文字而生，算術與幾何皆起源於實際的需求，而它們就是形成「數學」的兩大最古老支系。

至於數學是如何突破立即實用的需求，而發展純理論的呢？這個問題已經無從考據了。但埃及草紙記載了一些看來沒有實用價值的「難題」，引人遐想一種可能的境況。想像上面圖畫裡的埃及書記人員，成天做著大量而冗長的計算，他們的計算能力和對於數與幾何的認識早就超過工作的需求，但是在制式的工作中並無發揮的機會，逐漸地，工作就因為不斷重複而變得枯燥了。

許多人相信，凡生而為人者，皆有創造的本能。當人們因為工作需求而熟稔了一種技術之後，經常會發展沒有實用價值的延伸，通常成了遊戲，有時候誕生了藝術。例如中國北方挑扁擔的農人發展了竹竿舞，馴養牛馬的牧人發展了摔角，調製雞尾酒的酒保發展了拋瓶特技，足球員用頭頂持球，籃球員用一根手指支起旋轉的球，就連幾乎每個中學生，也都或多或少發展了將原子

筆旋轉於指節之間的遊戲。當這些遊戲流傳於一群人之間，難免相互較量或挑戰，而良性的競爭就使得它脫離實用的需要而精益求精。廣義而言的「藝術」，也就這樣從生活中精煉而生。

我們想像埃及草紙上的不實用問題，就是熟稔計算的書記官之間的遊戲。解決這些問題，並非工作所需，而是這一小群人的樂趣，甚至可能是他們之間名譽地位的參照。世界各支文明的數學，可能都是沿這條脈絡發展的：伴隨著文字誕生，從實用發展成遊戲或藝術，並逐漸精煉出風格各異但內容相通的數學。所謂世界各支文明，當然包括中國。

中國

古文明都會遭遇計算圓面積和圓周長的問題，也遲早要發現這兩個問題是相關的。但是，我們不該用「後見之明」認定圓面積和圓周長的關聯在於圓周率。例如，雖然巴比倫泥板顯示他們認為圓面積是半徑平方的三又八分之一倍，並不等於古巴比倫人具備圓周率的概念，也不見得明白 3.125 是圓周率的估計值而非真確值。

所謂圓周率，通常記作 π，是指圓周長對直徑的比值。人們習慣說 $2\pi r$ 是圓周長「公式」（$2r$ 表示直徑），這句話是有語病的，其實那是圓周率的「定義」。必須具備「圓周長是直徑的固定倍數」之概念，還得要認知圓周率是一個「不確知是多少的固定數」，才能算是發展了圓周率的概念。以上兩項認知，並不容易達到。

劉徽割圓，麥克羅尼西亞發行

中國可能在秦漢兩代形成了圓周率概念，至晚到了魏晉之際，不但圓周率的概念穩固，還以逼近觀念，提出一套可以獲得越來越精確之估計值的程序，該程序如今稱為割圓術。左邊這枚郵票便是割圓術的示意頁面，山東人劉徽以割圓術證明了《九章算術》宣告的一個定理：圓面積等於以半周與半徑為邊的長方形面積（意即 $\frac{1}{2}(2\pi r) \times r$）。當半徑 $r = 1$，圓面積的數值就是圓周率，因此割圓術又是估計圓周率的算法。在郵票上可辨識七和二十二兩個數字，它說的是 $\pi \approx \frac{22}{7}$。因為 $3\frac{1}{7} = 3.\overline{142857}$，所以如今我們知道劉徽的估計準到百分位。

劉徽大約生在曹丕篡漢之後，而且他經歷了司馬炎篡魏的政治事件。這枚郵票是由麥克羅尼西亞發行的，他們把「劉」的拼音誤植為 LUI。麥克羅尼西亞是太平洋上六百多個一般地圖無法顯示的小島所組成的國家，領海範圍放得下六十五個臺灣，但是陸地總面積還不及彰化縣，島上的某些原住民族可能是七千年前從臺灣擴散出去的。這個現代國家是由西方人建立的，拉丁名字 Micronesia 當然也是西方人取的，意思就是微小的島。此地的觀光賣點之一是：因為海水清澈，觀光客可以從海面直視二十公尺以下的二戰沉船跟戰鬥機。

像劉徽這樣重視「證明」的數學風格，在中國是個異類。像他這種風格的人，在中國文化裡零星地曇花乍現，沒有形成主流。人們常說中國的數學注重實用而輕忽理論，其實世界各地的

古文明差不多都是這樣，有些文化賦予數學更多的神祕色彩，讓數學與宗教信仰連結。相對而言，中國數學比較不傾向神祕，而同樣具有濃厚神祕色彩的印度和希臘，後來的發展也殊途遠颺。

古希臘

前面已經說過畢氏定理，想必讀者都知道這位著名的古希臘哲人畢達哥拉斯（Pythagoras）。畢氏與印度的悉達多（釋迦牟尼）和中國的孔丘（孔子）幾乎是同代人，他們幾乎在同一時期開創了三支文化傳統。雖然畢氏被稱為希臘人，但這是文化上的分類，他未必屬於希臘族裔。畢氏誕生在非常靠近波斯帝國的小島，而他開宗立派的據點，是義大利南方臨海的一座城市。右邊這枚郵票擷取梵諦岡壁畫《雅典學院》的一隅，畫面左側的禿頂男子，就是畫家拉斐爾想像的畢達哥拉斯。

畢達哥拉斯，梵諦岡壁畫，拉斐爾《雅典學院》局部，獅子山共和國發行

所謂畢氏「學派」也可以視為一個「教派」，畢達哥拉斯簡直是創立了一個崇拜「數」的宗教，[2] 他把數學的神祕性推上新高點，把數學從管理人間事務的工具，提升到屬靈或屬神的境界。畢氏學派企圖用數學解釋天地間的一切，例如他們也是西方

2　一則著名的傳說：畢氏學派將無理數的發現者視為叛徒並處決之，是其宗教性質的一則旁證。

樂理的創始者，用簡單整數比解釋音頻的和諧性，據此設計音階。他們相信日月星辰在各自的天球上繞地運行，那些球的直徑互相成簡單整數比，而它們的運行發出恆定的聲響，因此當人間的樂音也符合同樣整數比時，我們就感到和諧。但是為什麼平常聽不到天空傳來的聲響呢？那是因為，他們說，打從娘胎起我們就聽慣了那恆常的天籟，所以充耳不聞了 [3]。

　　上述郵票是獅子山共和國發行的，獅子山人和我們一樣吃白米飯和蕃薯葉。Sierra 是西班牙文的「山脈」，而 Leone 是拼錯的西班牙「母獅子」（Leona）：大陸譯作塞拉利昂。可能因為獅子山人是講英語的非洲族裔，所以不承認他們拼錯了自己國家的名字。獅子山共和國的首府是非洲臨大西洋首屈一指的深水港，現在稱為自由鎮（Freetown）。「自由」就像「民主」一樣背負著沉痛而衝突的意義；當初非洲的原住民，從這個港口被押上船賣去美洲當奴隸；兩百年後，被英國人解放的黑奴，又被遣回這個港口，變成了新移民。

　　畢達哥拉斯的思想雖然沒有以宗教的形式傳遞下來，但是他就像釋迦牟尼和孔子一樣，實際上開創了一種文化。當一個人以虔敬之心對數學懷有信念，相信它可以解釋甚至預測自然界與人世間的種種關係與色相，就算不是畢氏教派的信徒，也肯定是一名慕道者了。把數學提升到屬靈的境界，不但讓數學從實用的束縛中解脫出來，更開啟了理性辯證上的需求：事關信仰的絕對與心靈的純粹，豈能容許一絲懷疑？於是，希臘人開創了數學「證明」的形式，也賦予「證明」至高的價值。

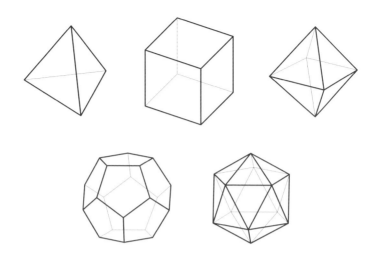

　　進入心靈層次的數學，擺脫了實用的羈絆而成為仁人智士的純理性創造。譬如古希臘想像宇宙有五種生成元素，就好像中國文化也有「金木水火土」的想像，但是柏拉圖（Plato）卻用五種正多面體對應生成元素的性質。因此，他就有必要確保世界上僅有五種正多面體。而既然柏拉圖要用多面體解釋生成元素之間的相生互化關係，就產生了研究幾何命題的必要。傳說柏拉圖的學校門口刻著：「不識幾何莫入此門」。這些幾何命題都沒有直接的實用性。

　　從畢達哥拉斯到歐幾里得（Euclid）的兩百年，歷經柏拉圖和亞里斯多德（Aristotle）兩大巨擘，累積了許多數學知識，由歐幾里得採集統整在一部稱為 *Elements* 的書裡。[3] *Elements* 整理

3　此處暫且不譯 *Elements* 的中文書名，留待第6篇再詳細解釋。

數學知識的風格迥異於《九章算術》，九章的題型－解答－公式風格，基本上成為中國文化裡的數學形式，而歐幾里得開創的公設－定義－定理－證明風格，則成為希臘文化的特徵之一。流傳至今，以歐幾里得為代表的希臘數學的風格，統整了全世界的數學。

歐幾里得，馬爾地夫發行

左邊這枚郵票由馬爾地夫發行，是歐幾里得的想像畫。雖然梵諦岡博物館的雕像廳以及牛津大學的自然史博物館裡，陳列了大批希臘哲人的石像，包括歐幾里得，但是讀者應該知道那些全是想像的。馬爾地夫是個比麥克羅尼西亞還要小的島國，這個印度洋上的蕞爾小國倒是有項「世界第一」：境內土地最高峰僅有海拔2.4公尺，是全世界最矮的國家。

　　以數學當作門檻的宗教顯然犯了曲高和寡的大忌，難以開枝散葉，但是那些希臘人因此建立了一套思想體系，並且創造了新的數學知識。後世不再關心那些思想的宗教初衷，而謂之以哲學。哲學本來就是對不能理解的事物所做的解釋，所以從宗教拿掉了戒律和應許之後，的確就是哲學了。為了純心靈的理由而累積的數學知識，並不因為宗教意義的式微而失傳，反而讓人發現了數學在會計稅捐與土地丈量以外的新用途，特別是在光學、力學以及天文學領域。數學在這些新領域的成功，使得希臘文化在工程與科學（天文地理）有長足的發展，也奠定了我們今天對數學「無用之用」的認識。我們甚至可以說，數學在其他領域的成

功範例，證實畢達哥拉斯畢竟是對的：數學真的可以解釋天地間的一切，雖然不是按照他當初設想的形式。

歐幾里得身後，希臘化的世界逐漸崩解，希臘式的獨立城邦一一落入羅馬帝國的版圖，但是希臘語文以及文化，在羅馬統治下繼續延燒了幾百年。大家都知道的阿基米德（Archimedes）就是死在羅馬攻破敘拉古（Syracuse）之日。阿基米德是希臘晚期的數學大師，他以開創性的新思維打破了前代數學累積的

阿基米德，西班牙發行

瓶頸，使得數學獲得新生，而且將數學應用到當時所知的所有工程與科學領域。例如，所謂「古希臘三大難題」其實是三道無解的數學命題，而它們之所以無解，是因為古人以「尺規作圖」作繭自縛；阿基米德只是稍稍地違規一下，就解了三等分角和倍立方那兩題。又例如，既然正多面體只有五種，後人都沒得玩了；於是阿基米德創造了半正規多面體，打開了另一扇大門 [4]。

阿基米德也以圓的面積公式（以圓周為底半徑為高的三角形面積）和圓周率的估計，間接解決了「三大難題」的方圓問題。阿基米德的方法也可以視為「割圓術」，但是他同時考慮圓的內接與外切正多邊形，所以能夠估計圓周率的下界與上界。他同樣獲得 $\pi \approx \frac{22}{7}$ 之估計，但是他知道 $3\frac{1}{7}$ 是上界，而 $3\frac{10}{71}$ 是下界 [5]。劉徽在阿基米德之後五百年，怎麼會想到幾乎一樣的割圓術呢？只能說「英雄所見略同」了。而阿基米德自認的生涯代表作是：

球的體積為其外切圓柱體的三分之二。[4]

托勒密，蒲隆地發行

丈量土地所需的數學，可能在畢達哥拉斯之前就已經備足了。後來很長的一段時間，全世界古文明的主要挑戰，在於天體的測量，使得天文學簡直就是數學的同義詞。天文知識直接應用到日月蝕的預測、曆法與節氣的吻合、以及星辰占卜的推論，它們表現出「君權神授」的必要性，所以特別受到君王帝后的支持。生活在羅馬帝國埃及行政區的托勒密（Claudius Ptolemy）用希臘文寫的《天文學大成》（*Almagest*）可以視為希臘數學的最後一座里程碑。自從它在大約西元 150 年完成之後，基本上成為西方的天文聖經，直到一千三百年後才開始受到哥白尼理論的挑戰。

希臘藉以「量天」的數學基礎，是在單位圓[5]上計算圓心角 θ 所對的弦長 $\text{crd}\theta$；這顯然也受到割圓術傳統的影響。托勒密算出 $\text{crd}\theta$ 的估計值，史稱托勒密弦表。這張數值表的解析度是平角的 360 分之一，也就是如今所謂的半度；而其精確度是六十進制的一秒，也就是半徑的 3600 分之一。弦長對半徑的比值 $\text{crd}\theta$ 可以

4　令球的半徑為 r，則其外切圓柱體的半徑也是 r，而高為 $2r$，所以圓柱的體積是 $4\pi r^3$。阿基米德除了發現球體積是外切圓柱的三分之二以外，也發現球的表面積跟外切圓柱的（側）面積相等。更深刻的發現是：任取兩張平行於圓柱底面的平面，則兩平面之間所截的球表面積，與所截的圓柱（側）面積相等。感謝一位（匿名）外審委員提醒前述關於表面積的知識，他／她也順便指出：其實球的表面積也是外切圓柱表面積的三分之二。
5　所謂「單位圓」就是以半徑為單位長的圓，所有的弦長皆以半徑的倍數表達。

導出正弦比 sinθ，但是兩者不該混為一談。

　　阿基米德郵票是西班牙郵政局發行的，España 是西班牙文的「西班牙」。西班牙語言沒有連續兩個爆破子音的發聲，英語的 SP 和 ST 發音，對應到西班牙語就會在前面補一個母音。例如英語的 special 就是西班牙語的 especial。托勒密郵票是蒲隆地（Burundi）發行的，它在非洲地圖上小得像綠豆一樣。二戰以後，第三世界難以計數的平民百姓因為「民主自由」這個概念而喪命；蒲隆地第一次民主選舉的後果，就是連續打了十二年的內戰，二十萬人死於戰火，另外二十萬人淪為難民。

阿拉伯繼往開來

　　羅馬帝國擅於造橋鋪路、築城建塔，留下壯觀的工程文明，但是在特別需要想像力的文化創作方面，他們就比較少受到恭維。這可能是因為，相對於希臘是個文化的概念，羅馬則是個政治的概念；在帝國或共和國的架構之下，羅馬統治著許多種語言與宗教的人民，而希臘語文和哲學，仍然在羅馬的政治架構下發展著。所以，帝國的功勳歸羅馬，但是文化的精進還是給了希臘。例如托勒密明明就是羅馬公民，他出生於創造帝國最大疆域的圖雷真（Trajan）初年，一輩子活在幸福快樂的羅馬五賢君盛世期間，可是因為他用希臘文寫作，所以我們還是把他當作希臘人，把他的成就歸屬希臘。

　　托勒密死後不久，羅馬最後一位賢君「哲學家皇帝」奧里略（Aurelius）也在西元 180 年駕崩了。電影《神鬼戰士》裡被兒

子殺害的老皇帝，就是奧里略；雖然電影的弒父情節是想像的，但是那位二十歲即位的年輕皇帝確實變成了暴君，羅馬從此敗壞，甚至鬧出禁衛軍把皇帝「職缺」拿出來拍賣的笑話。崩壞的帝國總會導致社會動盪，而凋敝的民生當然阻礙文化和文明的發展。一神論的天主教在動盪的社會中逐漸扎根，在第四世紀結束前，也就是羅馬帝國正式分裂成東、西兩塊之前，基督教成為羅馬帝國的國教，連羅馬人自己的多神宗教都被摒為異端，古希臘的哲學和數學（它們原先也是宗教）當然更是異端。羅馬治下的希臘思想從式微走向凋零，除了工程上實用的數學以外，其他的全都在歐洲失傳了。

東羅馬帝國雖然座落在希臘舊地，後來還將希臘語定為國語，但是基督教（東正教）與羅馬風格仍然是文化的主流，更何況他們和波斯的薩珊帝國（Sassanid）在歐亞邊界連年不斷的拉鋸戰，都不利於知識與文化的發展。僵持不下兩百年的羅馬與波斯之爭，在大約西元 640 年被阿拉伯人迅速畫下句點。新興的伊斯蘭教凝聚了阿拉伯部落的力量，在三十年內鯨吞了波斯帝國以及東羅馬的埃及行政區，建立起阿拉伯帝國（大食）。阿拉伯為中亞和北非維持了六百年的大致穩定，讓草原上多樣的民族和平共處，締造了超越同時期歐洲的文明。

雖然伊斯蘭教和基督教都是一神教，但是阿拉伯統治者樂於支持數學和科學知識的譯述，他們頗為尊重學者，也鼓勵詩歌文學與建築藝術的發展。因為征戰與經商的接觸，阿拉伯學者有機會揉合希臘、波斯、印度的風格與知識，發展出阿拉伯文明的數學（與天文學）。除了商務與貿易提高了對於計算的需求

以外，伊斯蘭教義對於遺產分配的精細規定 [6]，也促進了阿拉伯從算術到代數的發展。右邊這枚（前）蘇聯 1983 年發行的郵票，紀念一位阿拉伯學者花剌子密的一千二百歲誕辰。

花剌子密，蘇聯發行

花剌子密是波斯人，大半輩子在巴格達的智慧宮（House of Wisdom）工作，那裡是阿拉伯帝國的學術中心。他的全名是「來自花剌子模的摩西之子穆罕默德」（Muḥammad ibn Mūsā al-Khwārizmī），而他一個人衍生了兩個英文字：演算法 algorithm 來自他的名，代數 algebra 來自他的書。他將印度梵文數字改成阿拉伯數字，並發展了搭配這套十進位記數系統的加減乘除算法。傳進歐洲之後，這套算法就稱作阿拉伯文 Al-Khwārizmī 對應的拉丁文 [6] algorithm。至於 algebra 則是阿拉伯文 al-jabr 的拉丁音譯，出於花剌子密討論一次與二次方程的書，書名即指出其解法的兩大基本操作：al-jabr 和 al-muqābala，前者是「恢復」的意思，意指移項運算，而後者是「平衡」的意思，意指等量公理的操作；兩者都是現在國中一年級的基本代數操作。

按照蘇聯老大哥的宣傳，花剌子模是如今烏茲別克境內的基發（Khiva），但實情可能更曲折些。花剌子模古國位在內陸大河阿姆河（Amu Darya）注入鹹海（Aral Sea）之前的河谷與三

6　拉丁文是羅馬人的文字，曾是羅馬帝國的官方文字。現在西歐各國的語言當時均為方言，後來以拉丁字母為基礎創造了各國文字。英文字母來自拉丁字母。

角洲，而花剌子密的故鄉是當年的都城，位於土庫曼的老玉龍傑赤（Kunya-Urgench）。這座古城捱過了成吉思汗和帖木兒的摧殘，卻無法抵抗阿姆河改道的天命，終至人去城空 [7]。鹹海曾經是世界第四大湖，幾乎放得下兩個臺灣，但因為「人定勝天」的二十世紀工程師引它的源頭活水去灌溉沙漠，如今有九成的湖面乾涸成了鹽漠。

　　所謂方程就是含未知數的等式（equation with unkowns），「方程」和「元」（未知數）都是中國數學的固有名稱。阿拉伯之前的文明都有方程的想法，通常也都包含聯立的多元一次方程以及一元二次方程，所以花剌子密的著作不算創新，而比較像歐幾里得那樣的統整。但是花剌子密確有貢獻：早期的方程都是算術的附屬品，他使得方程在阿拉伯的學術文化裡獨樹一幟，讓代數發展成算術與幾何之外的第三條數學支脈。

　　三角比是伊斯蘭文明揉合的另一支數學。希臘的天文測量傳統使用圓內的弦，也就是前面說過的 $\mathrm{crd}\theta$，而印度的傳統則使用直角三角形的高對斜邊的比值，也就是今天說的正弦比 $\sin\theta$。阿拉伯學者綜合這兩脈傳統，把直角三角形放進了圓裡：將單位圓之圓心角 θ 當作直角三角形的一個銳角，而斜邊即半徑。希臘和印度的測量數學，在伊斯蘭文明的手裡發展了兩百年之後，不但今天使用的六個三角比 sin、cos、tan、cot、sec、csc 全到齊了，還多出來一些東西，例如 versin（正矢），我們到第 6 篇再說。但是當年的比例概念尚未推廣到負數，這些三角比都是以線段長相對於半徑的倍數來理解的，所以皆為正數。

　　雖然托勒密已經能夠運用 $\mathrm{crd}\theta$ 的和角與差角公式，而歐幾

里得的 *Elements* 第二卷就以「推廣的畢氏定理」形式呈現了餘弦定理，但如今我們在高中學習的各種三角恆等式，畢竟都是阿拉伯的數學。球面上的三角測量也在伊斯蘭文明有了長足的發展：球面上的線段就是大圓上的弧，而兩弧的夾角就是那兩個大圓所在的兩平面夾角。有趣的是，阿拉伯學者先在球面上發現了正弦定理，然後才「降級」成為我們在高中學習的平面版本，而那已經是西元十三世紀的事了。

右邊這枚巴基斯坦發行於 1973 年的郵票，慶祝另一位出自花剌子模的阿拉伯學者貝魯尼（Abū Rayḥān Muḥammad ibn Aḥmad Al-Bīrūnī）[7] 的千歲誕辰。貝魯尼當真是行千里路寫萬卷書的學者，在七十五年的歲月

貝魯尼，巴基斯坦發行

中，他走過六千公里的路程，寫下一萬三千篇文章。告別阿姆河邊的家鄉之後，他先遷居東方的不花剌，再往西穿越土庫曼搬到德黑蘭，然後又東遷阿富汗的 Ghazni；埋骨於斯之前，他曾隨著蘇丹的軍隊踏訪巴基斯坦和北印度。貝魯尼的著作遍及數學、天文和地理之外，還涵蓋占星、歷史、藥典、宗教、民族誌和語言學；他學會了梵文，並成為西方的印度學創始人。

貝魯尼將三角學發展成大地測量的工具，他和一位智慧宮的

7　阿拉伯男性名字經常有ibn（伊本），那是某人之子的意思；也常有abu，那是某人之父的意思。常見的al是定冠詞，是the或of the或from the的意思。貝魯尼的全名是「來自城外的阿瑪之子雷罕之父穆罕默德」。Biruni本非地名，是說他來自花剌子模都城之外。但為了向他致敬，那個昔日的城外聚落如今就叫做貝魯尼：Beruniy。

同儕測量了巴格達和花剌子模之間的經度差（當時地球的「球」形已經無庸置疑），並估計歐亞大陸的「跨幅」僅佔地球的五分之二。他在印度獲得地球自轉的「瘋狂」想法，苦思之後並無結論，但他至少得以宣稱：自轉的假設與當時已知的天文現象沒有矛盾。此外，像陀螺那般自轉所隱喻的穩定概念，使得貝魯尼相信在歐洲以西和亞洲以東的大洋之間，必定存在另一塊大陸。

所謂「文藝復興式」的全方位興趣與才能，彷彿是阿拉伯學者的標準配備。名傳於世的阿拉伯學者，在性情上都像貝魯尼那樣的多才多藝。恰好在貝魯尼去世的那一年，德黑蘭東方誕生了另一位阿拉伯時代的波斯鴻儒：奧瑪珈音（Abū al-Fatḥ Omar ibn Ibrāhīm Khayyām Neīshāhpūrī），又譯奧瑪開儼，或者海亞姆。除了哲學家、數學家、天文學家這些頭銜之外，他更以詩人之名傳世。他的詩集《魯拜集》（*Rubaiyat*）大約有一千首波斯文絕句，作於西元 1100 年前後；他的詩人名望簡直就是波斯的李白。歷史小說《撒馬爾罕》以海亞姆為主角，雖然沒辦法真的展開他的學術世界，卻也描寫了這個人和那個時代 [8]。

在花剌子密探索了一次和二次方程之後，數學的興趣自然要發展到三次或更高次方程。另一方面，三角學的發展，也無可避免地連結到方程求解的問題，例如正弦的三倍角公式，可能是人類與三次方程的首次遭遇。代數在花剌子密身後二百五十年達到阿拉伯文明裡的高峰，代表性的成就便是海亞姆以「數形合一」的理念求解三次方程，[8] 他也發展了利用正弦表求取方程之近似

8　海亞姆先將三次方程補一個零根，換成沒有常數項的四次方程，再以未知數代換的

解的方法。

　　真正的「數形合一」需要直角坐標作基礎，海亞姆雖然察覺到互相垂直的拋物線對稱軸和準線可能有用，而他也同時掌握從平面幾何轉銜到坐標幾何的關鍵技術：三角，但是他畢竟沒有挖開直角坐標系的寶藏。撼動文明的偉大創意，需要社群的激盪和時間的醞釀。阿拉伯文明養育的學術環境，確實有機會接著海亞姆的思想，走向解析幾何。但是歷史並不會按照人類的願望發展。

　　正當天主教和伊斯蘭的宗教戰爭陷於拉鋸膠著之際，[9] 蒙古像一支燃燒的火箭，疾勁地射穿中亞和西亞而直刺波西米亞。蒙古大帝國（或者說「蒙古汗國的大聯邦」）可謂統一了整個亞洲。在征伐與殺戮的另外一面，大型帝國保障了長距離工藝流通和人員旅行的安全性（史稱蒙古和平：Pax Mongolica），各種文化與思想也就跟著傳播開來。阿拉伯文化裡求解高次方程的問題意識，或許藉著商旅甚至戰爭的接觸，傳入了華文世界。西元第十三世紀的百年之內，生活在女真的金朝、蒙古的元朝和漢人的南宋政權之下的愛智之士，運用中國算學的傳統思維方法，此起彼落地探索高次方程的求解算法。[10] 有人認為，中國自發的數

技術，將四次方程拆成兩個聯立的二次方程，然後把問題從方程的形式，轉換成兩條對稱軸彼此垂直的拋物線求交點問題[9]。

9　我們不該順著西方的觀點而稱這些戰爭為「十字軍東征」，就好像土耳其歷史所謂的東進支那，站在中國的立場肯定會說突厥犯西。當時的西歐文明遠遜於西亞，在阿拉伯人看來，所謂十字軍就是一群野蠻的強盜。

10　值得注意的是，阿拉伯學者和接續他們的西歐學者，似乎都相信高次方程有代數解，而試圖用幾何作圖或算術程序（對係數做加減乘除和次方根）得到它，直到十七世紀才開始考慮近似解。但是宋元之際的華文學者，卻似乎從一開始就不打算

學在這個時期發展到了頂峰；可惜這些成就「只是幸運地僅免於埋沒而已」[10]，並沒有形成知識網絡，[11] 也沒有延續到明朝繼續發展。這段時期留給我們的瑰寶之一，是「綜合除法」[11]。

第十二世紀以降的海亞姆之後，阿拉伯文明仍有新的數學發現，這些零星閃爍的數學成就被歐洲吸納之後，反而被後者的光芒所掩蓋。這時的歐洲，也就是我們習慣說的「西方」，已經開始從阿拉伯文的著作裡重新習得失傳的希臘學問，同時也吸納伊斯蘭學者增添的知識，而緩緩醞釀他們的「復興」了。

東風西漸

伊斯蘭世界不限於西亞，它沿著地中海南岸抵達摩洛哥，越過直布羅陀海峽而蔓延到伊比利半島的南部。信奉伊斯蘭的摩爾統治者，把西班牙南部的哥多華（Cordoba）建設成西元 800 至 1000 年之間的歐洲最大城，擁有最輝煌的圖書館和學術中心。這個城市對異教的基督徒和猶太人頗為寬容，讓他們維持原本的信仰，而且可以辯論彼此的教義。在那個時期，伊比利半島成為歐洲接觸阿拉伯文明的最前線。

求得代數解（若有也是特例），而尋求一套逐步逼近的演算法 [12]。

11　這絕不是說中國沒有學者的社群網絡，早從漢代以來就有了。但是那些社群的學術主題可能僅涵蓋經學、道學、文學、史學，可能還有書法，外加佛教和道教，總之不含數學。數學（算學）雖然在一千年前曾經是官學的課程，甚至曾是科舉的考科，雖然主要以培訓政府所需的技術官僚為目的，仍多少有學術的發展。宋元之際，算學的地位浮浮沉沉。進入明朝之後，算學就逐漸消失於太學和科舉的層級了 [13]。

右邊這枚是法國郵票，紀念第一位登上教宗寶座的法國人：思維二世（Pope Sylvester II），西元 999～1003 年在位。當他還是年輕僧徒的時候，被送到加泰隆尼亞的修道院學習，因緣際會地習得了阿拉伯的天文與數學，差點因此被天主教問罪。但是他卻機會難得地成為羅馬權貴的私人家教，讓阿拉伯文明稍稍點亮了黑暗的中世紀歐洲。例如他重新引進算盤和星

思維二世，法國發行

象儀，它們是希臘、羅馬人會用的工具，但是已經在歐洲失傳六百年了。所謂的「文藝復興」就像這樣涓滴成細流。雖然思維二世自己精通印度－阿拉伯數字及演算法，但是他並沒有大張旗鼓地提倡這套系統：可能是因為時候未到，當時歐洲並沒有足夠複雜的科學或商業，古早的算盤就能滿足計算需求，而羅馬數字僅作記錄之用。

生活在加泰隆尼亞的加泰隆人，被西班牙政府承認為一個獨立的民族而授予自治權。[12] 寫下第一部加泰隆文學著作的喻以（Ramon Llull）不算是數學家，卻留下一個對數學和計算機科學都影響深遠的思想：他認為凡事都可以從基本原理（《聖經》的教誨）按照邏輯推論其對錯，而且推論的過程可以藉用圖表和嚴謹的操作規則來完成。如此機械式的操作，可以免除一切人為疏

12　可是，加泰隆尼亞自治區政府於 2017 年 10 月 1 日通過了獨立公投，其議會在 27 日宣布成立加泰隆尼亞共和國，而西班牙政府旋即於 30 日接管加泰隆尼亞。後續的發展，可能是我們將會關注的國際局勢之一。

失，因此獲得不容置疑的結論。於是他說，將來有一天，我們再也不必爭辯誰對誰錯，只要輸入一條敘述，然後按照規則去操作（也就是計算），就知道是對還是錯。他在西元 1305 年七十三歲的時候，出版《終極統術》（*The Ultimate General Art*）解釋如何製造那樣的機械。然後他懷著殉教的決心，帶著他的裝備踏上北非的伊斯蘭領地，宣稱要以辯論經文的方式，說服所有伊斯蘭改信天主……；他算是求仁得仁了。

喻以，西班牙發行

從左邊這枚郵票裡的畫像，看得出來喻以[13]的確有點瘋狂的樣子。他或許為後來數學家的瘋癲形象，提供了最初的原型。喻以的「辯論機」思想根源，顯然就是歐幾里得的 *Elements*，而其機械化設計，據信是受到伊斯蘭占星羅盤（Zairja）的啟發。占星羅盤是阿拉伯算命師的工具，運用一些同心環的轉盤把人的命運跟天空的星象拉上連結；在我們的文化裡，看風水的師父和批八字的半仙，都有類似的工具。

在中世紀的尾聲，儘管政教合一的形勢仍然嚴峻，但嚴峻管理的另外一面是社會穩定。雖然不時爆發瘟疫[14]以及貴族之間的軍事衝突，但是西方世界在西元第二個千年的前九百年裡，相對地安全而穩定。共同的書面語（拉丁文）和適度的地理尺度，使

---

13 西班牙文和加泰隆文的 LL 都類似「伊」的發音。Llull 的加泰隆語讀音類似「喻以」。他的故鄉是加泰隆尼亞外海的馬約卡島（Mallorca）。

14 「瘟疫」是個籠統說法，有時候說黑死病，有時候說鼠疫。總之就是致命的大型傳染病。

得學者藉由修道院之間的切磋管道而建起網絡。在思維二世之後的三百年，儘管表面上的宗教管制依然嚴峻，但阿拉伯文獻大量在修道院之內被翻譯成拉丁文，並且被抄寫複製、學習與傳播[14]。像喻以那樣的學者，都能直接閱讀阿拉伯文。包括數學在內的古希臘知識，外加阿拉伯人融合波斯和印度的發展，緩慢地浸潤了西歐的讀書人。而西方的文藝也就即將「復興」了，且看下回分解。

延伸閱讀或參考文獻

[1] Neil MacGregor 著，劉道捷、拾已安譯，《看得到的世界史》，大是文化，2014。

[2] Eli Maor 著，馮速譯，《勾股定理》，人民郵電出版社，2009。

[3] Jamie James. *The music of the spheres*. Copernicus, 1993.

[4] George Szpiro 著，葉偉文譯，《刻卜勒猜想》，天下文化，2005。

[5] 洪萬生，〈三國 π 裏袖乾坤——劉徽的數學貢獻〉，《科學發展月刊》384，68-74，2004。

[6] 蘇意雯，〈可蘭經裡的遺產〉，收錄於洪萬生等，《當數學遇見文化》，三民書局，2009。

[7] 曹亮吉，《從旅遊學數學》，天下文化，2008。

[8] Amin Maalouf 著，黃思恩、林子涵、彭廣愷譯，《撒馬爾罕》，河中文化，2011。

[9] A. R. Amir-Moez. Khayyam's solution of cubic equations. *Mathematical Magazine*, 35 (5), 269-271, 1962.

[10] 蔡辰理[15]，〈中國數學史上的黃金時代及其四個偉大的數學家〉，《數學

---

15 蔡辰理是蔡仁堅先生的筆名，此篇文章經過李國偉教授的審訂與潤飾。

傳播》3 (2)，37-43，1978。

[11] 單維彰，綜合除法授課影片，2015。取自 www.youtube.com/watch?v=
28zj2-L9Zhw

[12] 單維彰，〈帶領高一學生認識秦九韶的方程解法〉，《中學數學教師電子
報》127，2017。

[13] 李弘祺，《學以爲己：傳統中國的教育》，香港中文大學出版社，2012。

[14] Umberto Eco原著，謝瑤玲譯，《玫瑰的名字》，皇冠，2000。

5

看郵票說數學大歷史（下）

　　促使知識普及的最關鍵技術，當屬印刷術無疑。[1] 相對於一字一音一意的中文（語素文字），歐洲的表音文字本來是相對原始而不利於書面溝通的。[2] 但是表音文字在書寫上的缺點，卻成了它在印刷上的優點：只要大量複製少數幾種字模，就能排版印刷一整本書。在西元 1440 至 1450 年的十年之間，古騰堡將鑄字、油墨、排版等技術整合起來，並設計印刷的機械，使得書籍與傳單的大量生產成為可能。這項技術逐漸降低了獲取知識的成本，更重要的是，它同時也使得平民百姓的識字教育變得有意義。[3]

1　本文之初稿發表於《高中數學學科中心電子報》第129期，民國106年12月。
2　用維度觀念來思考，不論哪種文字都是二維的符號，其中語素文字傳遞了二維的訊息（圖像），但是表音文字只傳遞了一維的訊息（語音），所以說後者的效率比較低。值得注意的是，西方人後來創造的數學符號，就具備了傳遞二維訊息的功能，例如 $\frac{2}{3}$、$\sqrt{x^2+1}$、$\int_a^b f(x)\,dx$。
3　在普通人皆不識字的時代，只有 literate 這個字，指稱識字的人。到了 1550 年代，當識字的人相對變多了，才出現 illiterate 這個字，指稱文盲。

歐洲的甦醒

上篇一開始就說：數學最初的功能之一就是算帳，而數學的發展一直沒有忘記它對商業需求的回應。在印刷術的萌芽時期，主要的印刷品就只有《聖經》，但是義大利的翠維索（Treviso）卻早在 1478 年就出版了一本印刷體的算術書（*The Treviso Arithmetic*），專為商業服務；就連遠在德國北部的大型

帕喬利，義大利發行

商號，都會派遣學徒到義大利學習這種「新數學」[1]。左邊這枚郵票是義大利從 1495 年繪製的帕喬利（Luca Pacioli）畫像改造的；這位義大利數學家是達文西的好友，他或許影響過杜勒，也對繪畫的透視幾何有些貢獻，但是他的傳世之作是「複式簿記法」，因此被尊奉為會計學之父 [2]。帕喬利給數學最古老的篇章，添了一頁新猷。

蒙古大帝國萎縮之後，鄂圖曼帝國興起於小亞細亞，阻絕了西歐與東方的貿易之路；這情況大約也發生在古騰堡印刷術問世的 1450 年代。當時西歐對商業貿易的需求，肯定強烈到一定的程度，促使他們勇敢地揚起船帆，企圖摸索一條繞過非洲而通往東方的海路。這真是名符其實的冒險，當時雖然相信「地」是「球」形，但那僅是理論，而且沒人肯定非洲那塊大陸到底有沒有「盡頭」？起初的海上探險由葡萄牙人獨佔鰲頭，他們在 1488 年確定了可以繞過非洲的好望角，再過十年摸出「海角航

道」（cape route）而終於抵達印度。

在葡萄牙摸索海角航道的同時，西班牙資助一名幸運的莽夫——哥倫布，企圖另闢往西而直達遠東的捷徑。哥倫布犯了兩個錯誤：他不接受古希臘就估計得很準的地球周長，卻相信另一個太小的估計，他也沒讀過貝魯尼關於另一塊大陸的推測。這兩個錯誤卻「負負得正」讓他成為 1492 年發現新大陸的英雄。[4] 歐洲由是開始了「大發現」時代，避開他們無力征伐的亞洲對手，肆無忌憚地掠奪非洲和美洲的土地和人力資源。所謂「有土斯有財」，佔據了不成比例的土地面積的葡萄牙，以及後來的西班牙、荷蘭和不列顛，只消兩個世紀的聚斂，就能超越羅馬的千年基業，而從歐洲世界的邊陲，搖身變為歐洲文明的前線。

帕喬利逝於西元 1517 年。一位西方文化史大師將 1517 年 10 月 31 日馬丁・路德張貼《九十五條論綱》的事件，標誌為西方的「近代」之始 [3]。進入「近代」之後的第一件科學大事，肯定是 1543 年印刷成書的《天體運行論》，內容就是著名的哥白尼「日心地動」說。[5] 撻伐哥白尼理論的論述，主要都是依據神學的理由（把《聖經》的內容當作論述的依據），但也有訴諸

4　哥倫布確實幸運。就算沒有他在 1492 年的探險，葡萄牙人也將在 1500 年，為了找到更快抵達好望角的航道而意外地發現了巴西。更何況哥倫布發現的是中美洲外海的島嶼，而葡萄牙人發現的是真正的南美洲大陸。

5　哥白尼並不是第一個發生這種思想的人，他甚至不是第二個。就像前面說過的發現新大陸、發現巴西事件，其實也都不是真正的史上頭一遭，後來陸續發現更早的史蹟。關鍵是，那些更早的行為都沒有對我們現存的世界造成影響，而文中所謂的「第一」關心的是真正開創了我們這個文化脈絡的事件。在歐洲的「大發現」之前，地球上存在著好幾個平行的文化脈絡；但是如今，至少就數學而言，已經合併成一股脈絡了。

理性的批判，那就是說哥白尼不該根據「只是數學」的計算，而推論物理的「真正真實」（literal truth）；換句話說，當時的學者拒絕承認數學的計算結果，能夠跟物理的真實相提並論。如今看來，哥白尼所引起的科學革命，對後世造成的深遠影響之一，恰恰就是讓人相信：數學的計算「真的」可以推論物理的真實。

哥白尼，波蘭發行

再加上後來伽利略和牛頓所做的數學模型在物理上的成功經驗，數學的「真實性」彷彿就成為我們這個文化的一項固有信念了。左邊這枚郵票是波蘭發行的哥白尼五百歲紀念郵票，Polska 是用波蘭文拼寫的波蘭。

　　幾乎就在《天體運行論》準備印刷的同時，幾個義大利人發展出三次方程的公式解。在其演算過程中，人類首度遭遇虛數：在卡丹諾[6]的演算法中，某個中間步驟必須是虛數，[7]才能在最後步驟求得三次方程的實數解。由此可見「虛」數的「實」際存在。邦貝利（Bombelli）出版於 1572 年的《代數學》（L'Algebra）總結了文藝復興時期的代數成就，它其實已經超越伊斯蘭而開啟了近世代數之門；這本書也是複數的出生地。

　　航海定位與大地測量的需求，促使三角學蓬勃發展。交易行為的複雜化，以及三角測量所需的複雜計算，使得羅馬數字

6　卡丹諾（Cardano）是他的義大利姓氏，法國和英國人稱他卡當（Cardan）。
7　虛數的原意是：平方為負數的「想像的數」（imagnary numbers）。

徹底讓位給印度－阿拉伯數字。測量問題所需的三角學，集其大成於庇提斯古（Pitiscus）在 1595 年出版的《三角學》（*Trigonometria*），這本書也被認為是十進制小數的源出之處；發明對數的納皮爾（Napier）採用了這套數字系統。測量的過程需要大量計算：精確度的需求越高，數值的位數就越多。長串數字的乘法計算相當耗時費力，有人想到可以利用三角的積化和差公式，把兩數相乘轉化為三角數值的查表以及加法和折半計算。這個算法的誤差固然難免，但是換取的效率卻是值得的。納皮爾大約就在《三角學》出版之後，開始構思另一種積化和差的方法，並且可以一併簡化除法、次方和方根的計算；那就是對數。

　　歷史上不乏像喻以那樣，為宗教或道德信念而殉道的人，但是有一個人卻為了科學信念而赴義。右邊這枚由保加利亞發行的郵票，內容是紀念一位宣揚日心理論和外星人存在論的義大利人布魯諾（Bruno），他被指控為異端，而且死不悔改，在西元 1600 年登上火刑台，得年五十二

布魯諾，保加利亞發行

歲。即使已經進入「近代」八十多年，羅馬的宗教法庭還是會對所謂的異端施以火刑，由此可以想像過去的一千年之中，天主教對於異己思想的嚴峻態度。[8]

8　現實頗為複雜，並不能從幾個特例來化簡。哥白尼在看見《天體運行論》印刷出來的時候就嚥了氣，豁免了一切苦惱。即便教宗保祿三世接受了這本書的致獻 [4]，教廷的審查機構還是將它列為禁書。就像布魯諾，公開宣講哥白尼理論的人都會受

西元第十六世紀結束的時候，西歐已經總結了希臘、印度和阿拉伯流傳下來的古典知識，並在各項支脈上皆有所超越。在下一個百年，西方將一舉超越當時地球上的所有文明，可是我們先岔進另一則故事。

中國的第一次接觸

葡萄牙人在印度的果阿（Goa）建立了前進基地，繼續向東探索，最終在 1543 年來到歐亞非這塊大陸的最東端：日出之地的日本。至此，葡萄牙人建立了極東與極西之間的貿易海道。[9] 在那之前，他們已經先到過廣州，並暗地落腳在珠江口的一座小島：澳門。天主教也沿著這條海路來到中國和日本，順便開啟了中西學術的第一批大轉譯；我們從海峽兩岸各選一枚郵票來紀念此事。

利瑪竇，中華民國發行

天主教的耶穌會修士利瑪竇（Matteo Ricci）神父在萬曆十一年（1583）獲准居住於廣東肇慶。憑著他個人的學識魅

到審判，但是只要認罪懺悔就不會太嚴重。例如伽利略在1633年認罪並且宣誓棄絕他的理論。當世人都忘了這件事之後，梵諦岡在1992年宣布赦免了伽利略的罪[5]。

9　葡人肯定看過臺灣，但是沒有登陸的證據。就像後來的工業與科技經濟一樣，先行者未必能夠保有市場。葡萄牙在亞洲海路上，只獨霸了很短的時間，就被西班牙擠到一邊；而葡西兩國又被荷蘭超越。何以擁有大量資源的西班牙和葡萄牙會敗給小小的荷蘭？一位歷史暨會計學者認為，是因為他們吸收了帕喬利的簿記法，進而發展成「荷蘭式查帳」[6]。果真如此的話，數學與有榮焉。

力以及西方器械引起的好奇，利氏得以結交文人雅士，逐步北上傳教。西元 1600 年，徐光啟與利瑪竇相識於南京，徐氏成為中國第一批天主教徒，聖名保祿（Paul）[7]。[10] 萬曆三十二年，兩人重逢於北京，徐氏非常敬重這位長他十歲的「泰西儒士」，密切向他問學。徐光啟的學習內容，逐漸從天主教義

徐光啟，中華人民共和國發行

擴展到西方的技術。在西元 1606 年入秋之前，四十四歲的徐光啟體認到西方技術的優異潛能，更洞察其優異的原因是縝密無疑的根基：數學。當時的徐保祿可能已經看清，他將窮其後半生之力，譯介西方天文、曆算、水利、農耕、火器、兵法等技術，而利神父告知這些技術的共同基礎是歐幾里得的 *Elements*，所以他們著手翻譯這一本書。以利瑪竇口授、徐光啟筆譯的方式合作了八個月之後，譯完前六卷，取名《幾何原本》而印行於 1607 年。他們緊接著合作了《測量法義》一卷，因為徐氏父喪須回鄉守孝三年而暫停。利瑪竇來不及等到徐光啟回北京，就在 1610 年 5 月過世了。我們將在第 6 篇詳說他們的故事。

徐光啟在利瑪竇身後的二十三年間，成為天主教在中國的首要保護者。他在衰危的晚明朝政中盡力而為，行政之外，譯作西學十多種，其中《崇禎曆書》堪稱哥白尼理論以外的西方天文學

---

10 中國這版郵票的徐光啟畫像，顯然太過寫意而不能當作「畫像」來理解。眼尖的繆正西教授還指出，就連圖畫裡的官帽都可能錯了：畫的是宋朝官帽，而非明朝官帽。

總整理。徐光啟和後來的耶穌會傳教士（包括湯若望）在這部書裡介紹了西方的三角學。

　　本文從未提及中國古代的三角學，那是因為它並不存在[8]。[11] 古人當然知道「角」，但是除了直角以外，不曾產生測量角的大小的念頭，於是不曾探索三角形的一般性質。這絕不表示中國人不懂測量，相反地，以《海島算經》為代表的中國測量術，早在西元 300 年就已經高超而實用，有人說它超過西方在西元 1300 年的水準。中國的測量術根據直角三角形的勾股之比，並運用比例式來解決問題；在這個脈絡裡，不必關心直角三角形裡的銳角大小，也就沒必要討論勾股的比值了。換一個觀點，我們也許可以解釋：中國人是用反正切的概念來理解銳角。高超而實用的數學技術，幫助締造了中國超前於世界的文明，可是也把人們的思維，限制在最初層次的實用範圍裡。

　　《測量法義》用相似三角形和比例式來解決問題，書末所附「三數算法」就是《翠維索算術書》的比例式解法，它的技術等級和實用功效並未超越《海島算經》。徐光啟明白這一點，但他也明白，推崇西方數學的原因並不在於立即的實用價值，而在於「縝密」和「定法」的文化價值。縝密不僅指公設、定義、證明的認識方法，還有它次第拾級的學習途徑；而定法就是清楚明白的演算法，毫不含糊也沒有神祕性，即使「中材」也能學會，而成為有用的「人才」。

11　元朝的郭守敬空前絕後地使用了三角。這項孤立的成就有可能是從蒙古大帝國的中亞地區流傳而來的，沒有明朝的學者銜接這項成就。

極為可惜的是，不論徐光啟多麼努力，他都沒有機會見識真正輝煌的西方數學。因為他逝於 1633 年，十年之後，牛頓誕生於英國，而他才是使得歐洲徹底脫離古典數學的代表人物。

西方正式崛起

　　阿基米德和劉徽的割圓術，在本質上已經是積分了，可是他們的時代都欠缺一個關鍵概念：直角坐標。海亞姆和十二到十七世紀的許多才智之士，都曾經靠近直角坐標系統的想法，可是在荷蘭萊頓大學施豪登（Frans van Schooten）的熱切推廣之後，如今一致認為那是笛卡兒的功勞。右邊這枚法國發行的郵票顯示笛卡兒在

笛卡兒，法國發行

1637 年出版的《方法論》，主題關於哲學思考的新方法；為了表現這個新方法的成效，他在 296 頁的書後，續了一部 117 頁的附錄《幾何》[9]。就是這部附錄，被譽為直角坐標乃至於整個新數學的濫觴。

　　十七世紀的荷蘭，因為海上貿易的斬獲和基督新教的發達，一度成為歐洲新思想的集散地和庇護所；例如伽利略的著作，就是從義大利偷渡到荷蘭出版的，而帕喬利的會計學，也是在荷蘭發揚光大。笛卡兒雖然是法國人，可是他溜到荷蘭去學習與思考，並且在那裡出版了影響深遠的哲學著作。儘管他愛國地使用母語（法文）而非當時的官話（拉丁文）寫作，但是他的書仍然

被巴黎（和羅馬）列為禁書。笛卡兒的《幾何》因為被施豪登翻譯成拉丁文而擴大了影響力。其實笛卡兒的原著只在平面上畫出一條參考數線，如今我們所知的直角坐標系，出自施豪登在其第二版拉丁譯文所附的詮釋（就像劉徽為《九章》作注那樣）。

牛頓從施豪登的譯本，自學了平面直角坐標，而萊布尼茲（G.W. Leibniz）直接跟施豪登的高足惠更斯（Christiaan Huygens）學習了直角坐標。說來頗為不可思議，這兩人學過直角坐標之後，都在不到三年的時間裡，各自發展了微分的概念與技術。萊布尼茲在 1684 年發表的論文〈找極大值和極小值的一般性新計算方法〉成為史上第一篇微分論文，而論文標題使用的拉丁文「計算」Calculus，便成為這門新數學的統稱了。

萊布尼茲拔得頭籌，但是牛頓在 1687 年出版的《自然哲學的數學原理》才是真正的曠世巨作。這本書為伽利略的等加速自由落體和克卜勒行星運動定律，提出一個統合的原理：萬有引力。僅只這一件，就足以使牛頓以哲學家之名傳世了。但是他接著將這個原理，用微分觀念寫成新形式的正比或反比關係，[12] 也展示這種新形式的大用；這份成就足以使他成為偉大的物理學家。但牛頓還不止於此，他發展了一套數學方法，也就是微積分，能夠有效地根據前述關係，解出未知的量；因此他又同時成為偉大的數學家。這三件成就，很可能是三代人的工作，而牛頓

---

12 在牛頓之前，兩個量之間的正比或反比，是學者熟知的關係；例如等速運動就是說位移和時間成正比。牛頓提出的是，一個量可以和另一個量的變化率成正比或反比，甚至可以和它自己的變化率成正比或反比。按照這種關係得到含有未知量的等式，就是如今說的微分方程。

一氣呵成。儘管當年的微積分技術，僅能涵蓋多項式函數以及簡單的反比函數，例如 $1/x^2$ 和 $1/x^3$，卻已經足夠讓牛頓用純粹的數學運算，從單一的原理推論伽利略和克卜勒根據觀察而歸納的全部物理現象。

雖然牛頓有許多先行者，但是他的《原理》確實是標誌性的轉捩點。在此之後，世人的眼光逐漸從仰望過去，調轉為盼望未來；對於人類自己從一個高尚完美的過去，一步步墮落隳壞到今天的觀念，逐

牛頓，蘇聯發行

漸轉變成為我們有能力獨自面對世界，而且完美的理想位於可達到的未來。牛頓的貢獻是如此之普世，以至於二十世紀冷戰時期的「敵營」也為《原理》的三百週年發行紀念郵票。票面上顯示牛頓 Issac Newton 的斯拉夫文字，而 CCCP 是俄文的 USSR：蘇維埃社會主義共和國聯邦，簡稱蘇聯。它在 1991 年解體成俄羅斯、烏克蘭、哈薩克等十五個國家。

機率、統計和排列組合也都在十七世紀發跡。嚴格來說，機率的計算違背了虔誠信仰的原則，因為它暗示即使機運都可以置於理性之下。因此，機率也可以當作啟蒙時代序曲之中的一條主旋律。受到一本早期史書的影響 [10]，我們以西元 1654 年巴斯卡（Blaise Pascal）和費瑪（Pierre de Fermat）為解決一道賭金分配問題所發展的方法，當作機率元年。原始的問題是如何「公平」分配一場未完成之賭局的投注金？可見最初的機率問題，就是期望值問題。緊接著，惠更斯在 1657 年也發表了一篇探討期

望值的文章，他向同儕呼籲這一類新問題的重要性，而他本人也以身作則地提出了排列組合的初步試探。所謂的「巴斯卡三角」就是在這個脈絡裡，和組合數發生了連結。排列組合類型的數學觀念，在十七世紀的 60 年代，應該已經在學者的通信網絡中傳開來；例如 1666 年剛滿二十歲的萊布尼茲，發表了一個小結果：當 p 是質數，則 p 中取 r 的組合數是 p 的倍數。

巴斯卡三角，大韓民國發行

左邊是韓國為了慶祝在首爾舉辦的 ICM 2014[13] 而發行的郵票，內容就是巴斯卡三角。自從 ICM 在 1897 年開辦以來，直到 1990 年才第一次由歐美以外的國家主辦：日本。韓國是主辦 ICM 的第四個亞洲國家（之前還有中國和印度），他們想必相當自豪。

　　相對於機率出自數學大師之手，統計卻像最原始的算術和幾何，是從草根長出來的。我們將倫敦一位商人葛朗（John Graunt）在西元 1662 年出版的世界第一份生命表（life table）當作統計元年 [11]。那時候，倫敦已經累積了大約一百年的市民死亡登記，之前有人想要討論這筆「大」數據，卻總是見樹不見林，而且也沒想到究竟要拿它做什麼？葛朗將原始資料以年齡分組，製作各組的死亡與存活累積相對次數表，藉以預測倫敦各區人口

13　ICM 是第 2 篇介紹過的「國際數學家大會」，原則上四年舉辦一次。艾雪在 ICM 1954 舉辦了版畫特展。

隨時間的變化，作為市場調查之用。他後來發現，從生命表在某些時期呈現的「不合理」現象，可以看出瘟疫的爆發。以此作為客觀證據，他在新成立不久的皇家科學院發表簡報，論證瘟疫尚未在倫敦絕跡。很不幸地，三年後的 1665 年，倫敦就爆發了一次大瘟疫；牛頓在這段時間躲回鄉下老家，在那裡做出微積分的突破性結果。葛朗的生命表，後來成為精算學的一部分，是人壽保險的基本工具。恰好在一百年後的 1762 年，倫敦成立了第一家互助人壽保險公司（mutual life insurance）。

最後特別提一個數學小兵：行列式，它也是在直角坐標系發明之後不久，就流傳在學者的通信裡。二階行列式連結平行四邊形面積的意涵，以及用來求解二元一次聯立方程組的作法，似乎都是直角坐標系的直接應用，所以它可能已經是廣為學者所知的一項小工具，卻只寫在書信而不曾正式寫在論文裡。行列式這個小角色，直到十九世紀才被正式搬上枱面來討論。[14]

輝煌澎湃一百五十年

數學在十七世紀蓄滿了能量，到了十八世紀如黑豹般暴衝而出。那時候，歐洲在文化的所有領域皆天才輩出，新概念和新成就令人目不暇給。在多如繁星的天才之中，仍有兩位超級耀眼的巨星：歐拉（Leonhard Euler, 1707-1783）和高斯（Carl Friedrich

---

14　當克拉瑪在 1750 年發表所謂的克拉瑪公式（Cramer's Rule）的時候，它被放在附錄裡。而且，克拉瑪要解的問題，已經是五元一次聯立方程了。

Gauss, 1777-1855），橫亙這輝煌澎湃的一百五十年。歐拉和高斯的貢獻實在太多了，以致於數學界有個共識：把他們的「次要」貢獻冠名給下一位做出同樣貢獻的人，否則數學裡將會有太多的歐拉公式和高斯方法。

歐拉，瑞士發行

左邊這枚郵票是歐拉的母國瑞士為紀念他三百歲生日而發行的，Helvetia 是瑞士人稱呼瑞士的一個富於詩意的名字。郵票挑選圖論代表他的原創性貢獻。歐拉把指對數和三角比擴展成指對函數與三角函數，並用複數將它們連結起來，更用這些函數延拓了微積分的適用範圍，從而開創「數學分析」新支脈。郵票裡的圖論則開創了另一個「離散數學」新支脈。他用新方法為古老的算術注入活力，並將數學的應用領域，從傳統的天文學與光學，蔓延到機械工程和流體力學。

函數觀念本來就是隨著微積分而誕生的，萊布尼茲首度使用函數（function）表達一數沿著直角坐標上的曲線而隨另一數改變的觀念，而歐拉開始用 $f(x)$ 這樣的函數符號。許多看來很單純無害的代數函數，例如 $\dfrac{1}{x^2-1}$ 和 $\dfrac{1}{x^2+1}$ ，無法在代數函數的範圍裡做它們的積分，而歐拉系統性地解決了這類問題；前者誕生了因式分解，而後者為正割函數 $\sec x$ 找到了價值。

因為棣美弗等式而出名的法國人棣美弗（Abraham de Moivre），其實有另一件價值不斐的功勳：他在 1711 年出版的《機運的學問》在英國再版三次，書裡一開頭就清楚提議了獨立或

者有條件下的機率相乘算法。[12] 這本書提出的問題，促動貝斯（Thomas Bayes）在 1750 年代思考所謂的貝氏定理，更重要的是觸發了機率作為「勝算」或「可信度」評估的意義，而不僅是重複試驗之相對發生次數。將這些思想總括成數學的機率論，應屬另一位法國人拉普拉斯（Pierre-Simon Laplace）在 1770 年代的成果，但是英國人取得了話語權，如今皆以貝氏稱之。

歐拉像音樂界的貝多芬，他在晚年失明之後，繼續產出數學的傑作。而高斯像音樂界的莫札特，他在幼年就展現超凡的天分，所有形式的數學都能輕鬆拈來；幸好他並不短命。高斯在弱冠之年即以《算術研究》將古老的算術提升為「數論」，在 1799 年 [15] 答辯的博士學位論文創造了複數平面及代數基本定理，做天文計算的時候發明了最小平方法、以及求解一次聯立方程組的高斯消去法，做科學觀察的時候提出了誤差的正規分布概念，做大地測量的時候拓展了古老的幾何：引入微積分並且開創了研究曲面上直線的方法。

右邊這枚郵票則是高斯的母國德意志紀念他逝世一百週年而發行的。一部虛實夾雜的小說《丈量世界》利用高斯和一位同時代而風格迥異的科學才士洪堡（Alexander von Humboldt）彼此對照的手法，相當生動地描繪了這兩位人物

高斯，德國發行

15　西元1799年的年初，乾隆駕崩；年尾，拿破崙壓制了法國革命並自命為「第一執政」；年終，華盛頓逝世。

[13]。Deutsche 是德意志民族的自稱；透過基因的科學研究，如今我們知道所謂「血統」是無意義的民族分類根據，但是十九世紀的人們並沒有這項知識。所謂民族國家，正是十九世紀興起的重要觀念。像高斯和洪堡這種人物的傑出成就，毫無疑問地成為德意志民族的優越象徵。而所謂德國 Deutschland 的概念就是「德意志人的生活空間」，為了論述他們有權爭取這個空間，升起了民族主義的的大旗，也成為民粹主義的濫觴。為了在列強環伺的壓力下贏得自己的空間，這個原本羸弱鬆散的民族概念國家，必須強兵備武，以最原始的方式爭取自己的權益：暴力。沿著這個脈絡發展，他們在二十世紀開打了兩場世界大戰。

在高斯晚年，中國可謂第二次接觸了西方科技。這一次，有更多的知識份子理解了徐光啟詮釋的西方數學文化，以及建築其上的科學、工程和技術。西方數學知識的第二次大批轉譯則是出於李善蘭和偉烈亞力（Alexander Wylie, 1815-1887）之手。被徐、利二人《幾何原本》遺漏的餘篇，在整整二百五十年之後，終於由李、偉二人在西元 1857 年補齊。精妙的翻譯是偉大的二次創作，李善蘭翻譯的「代數」、「函數」[16] 和「微積分」都能讓漢字讀者望文而生義，相較之下，西文 algebra、function 和 calculus 反而不能展現其數學特殊意義的關連性。

李善蘭翻譯的微積分，還是用古典的方式，從直覺和常識發展起來的。即使後人批評它基礎鬆散，但是不可否認它在兩百年

16　李善蘭：「當此變數函彼變數，則此為彼之函數」。今之教師可以說「當變數 y 函變數 x，則 y 是 x 的函數」。

間創造的豐碩成就。在十九世紀後半，為微積分補強根基的思潮，產生了極限的現代定義，以及黎曼（Bernhard Riemann）對定積分所做的定義。[17] 如今我們以為「標準」的微積分課程規劃，其實是這股思潮吹進二十世紀之後，才開始發生的新教材。

精密分工下的現代數學

高斯的複數平面，使得複數的功能比向量過之而無不及。所以，可以說平面向量在數學史上是不存在的。至於空間向量，則幾乎是伴隨著電磁學而一起登上了舞台。伏特在 1800 年發明的電池，標示著電學的正式出發。安培在 1820 年代確定了電與磁的並存關係，後來高斯參與了韋伯的電磁學研究。他們以交換地磁研究數據為由，爭取資源在哥丁根兩人的研究室之間架設了世界第一條電報纜線。儘管有高斯的加入，電磁學的決定性知識體系，是馬克士威（J. C. Maxwell）在 1860 年代建立起來的。然而，當時的電磁學苦於沒有適當的「語言」來描述它們的交互關係，使得物理學者煞費苦心尋找合適的數學。幾乎過了半個世紀，才底定於空間向量以及向量微積分。右邊這枚郵票裡顯示的，就是用這套語

馬克士威，聖馬利諾發行

17　被許多初等教材奉為圭臬的黎曼積分定義，其實並不完美：有些被圍在正方形區域內的函數，其曲線下面積顯然存在，卻被黎曼定義為不可積。因此才有後來的勒貝格（Henri Lebesgue）積分理論。

言寫下的馬克士威方程組。出版這枚郵票的聖馬利諾是一個面積只有臺北市士林區那麼大的獨立國，四周完全被義大利包住；而它還不是歐洲的最小「國」。

關於向量的另一支發展，則是在研究行列式時，因為討論它的「母體」（Matrix）而誕生的矩陣。矩陣的一行或一列，就連結到向量了。雖然這兩種數學物件都叫做向量，基本運算性質也的確相同，但是它們的用途和概念心像卻大相徑庭。或許可以稱前者為分析的向量，而後者為代數的向量吧。事實上，代數一直統合在分析這支數學裡，向量的這兩種意義逐漸分道揚鑣的過程，也就是代數學獨立成為一條數學支脈的過程。可見近代的學術發展，不僅學科被切分得越來越細，就連同一門學科之內，支脈也分得越來越多、越來越細。

在十九世紀的 60 年代，生物領域還沒有被數學「染指」。當孟德爾神父在 1865 年宣讀他以七年的豌豆雜交實驗得到的遺傳法則時，他的聽眾認為那是數學而非植物學，甚至可能因為被喚起關於畢氏定理的不快經驗而產生反感 [14]。幸好當地學報還是接受了他的論文，而它們就靜靜地躺在圖書館裡。即使在三十年後，當孟德爾的傳記作者在 1899 年首次讀到那篇論文時，仍然感覺植物學和數學是一種「違和」的連結。但是情況在 1900 年迅速翻轉，歐洲連發三篇論文，分隔三地的三位生物學者，分別獨立地發現自己的實驗吻合孟德爾的理論，而他的遺傳定律就此正式將數學帶進了生物學領域；時至今日，所謂基因科學幾乎就是根據數學模型所做的計算推論。

紀念孟德爾的郵票有很多種，我特別選了梵諦岡為他辭世一

百週年而發行的這一枚。回顧天主
教之前對於科學的態度，這枚郵票
不啻傳遞了一個重要的訊息。

　　像馬克士威和孟德爾的作品，
以前很可能仍然被歸類為數學，但
是自從專業領域被切分得越來越細

孟德爾，梵諦岡發行

之後，它們就分別屬於電磁學和生
物學，不再出現於數學文本了。另一個偉大的例子是相對論。在
愛因斯坦奔放不羈的思想裡，他可以放棄長度的固有觀念，甚至
不惜放棄時間的固有觀念，卻不肯放棄畢氏定理 [15]。至於廣義

相對論採用的彎曲空間假設，當時
僅憑數學模型的內部一致性而推論
，物理的真實性是後來才驗證的。
相對論的科普故事膾炙人口，可是
它總是被當作物理書寫，很少是數

愛因斯坦，以色列發行

學普及讀物的題材。

　　上一個世紀之交的 1900 年，巴黎搶著出鋒頭，不僅那一年
的世界博覽會（World Expo）和奧林匹克運動會都在巴黎，第二
屆的 ICM 1900 也在巴黎舉行。在這個會議上，當世首屈一指的
德國數學家希爾伯特（David Hilbert）時年三十八歲，大膽預測
數學在二十世紀將有的發展，並以二十三個待答問題作為數學各
支發展的標靶與里程碑。[18] 這是一個空前絕後的大膽行為，而且

18　西元1900這一年，清朝廷決定呼應義和團「扶清滅洋」而向列強宣戰。在希爾伯

它相當地成功。可是，即使像希爾伯特那麼高的智慧和眼光，對於將在二十世紀影響所有文化領域（包括數學）的最重大發明，也是毫無線索的：電腦（electrical computers）。

在社會上享有盛名的數學才子羅素是好幾本暢銷哲學書籍的作者，獲得 1950 年的諾貝爾文學獎。他對於純數學和應用數學的分割不以為然，但是也不小心舉錯了例子。他認為所有數學都是有「用」的，極少數的例外是像布爾（George Boole）為符號邏輯所發展的布林代數：就是 True 和 False 之間的 AND、OR、NOT 運算，很可能是純理性而無用的。博學睿智如羅素者，一絲也沒想到布林代數將成為設計邏輯電路的運算，這些電路組織成晶片，而晶片組織成電腦。

英國數學家圖靈（Alan Turing, 1912-1954）因為一部 2014年的電影《模仿遊戲》以及他的同性戀身分而聲名大噪。他就是參與電腦設計與演算法研究的先驅者之一。但是自從各大學在 1960 年代紛紛成立計算機科學系或資訊工程系之後，許多從

圖靈，聖海倫納島發行

事離散數學或演算法的數學研究工作，就不在「數學」這個帽子底下了。

圖靈的郵票來自被英國獨立成為自治州的聖海倫納島，它座落於南大西洋，是地球上最偏遠的島

特這場演講之前49天，德國駐華公使克林德男爵被槍殺，成為八國聯軍攻入北京的直接導火線。

嶼。葡萄牙人最初發現它的時候，是個徹底的無人島，後來被英國海盜霸佔，成為襲劫西班牙、葡萄牙商船的基地。冠名哈雷彗星的哈雷（Edmond Halley）曾於 1676 年旅泊此島，當年他二十歲，耗時兩年畫成了南半球的星空圖。他在葛朗之後三十年，用更可靠的原始資料作出第二份生命表，並且提供了比較嚴謹的數學方法。這份生命表被棣美弗引用在他的書裡，並藉此發展出連續型隨機變數的概念。家境優渥的哈雷，雖是平民階級卻有貴族氣質，他出錢替牛頓出版了《原理》。西元 1815 年，拿破崙逃離第一次被放逐的地中海小島之後，再敗於滑鐵盧，就被放逐到這座海島了。

結語

許多愛好數學的讀者，已經發現數學普及讀物的時間背景或故事主題，經常放在古老的時代，彷彿十九世紀中葉以後，就沒有可以跟大家說的數學故事了。這並不完全是因為數學變得越來越脫離人間的普通經驗，學術的精密分工以及領域之間的壁壘分明，助長了這樣的現象：許多本質上屬於數學的故事，被劃分到其他領域，而不再成為數學科普的題材。除了自然科學領域以外，讀者也不妨看看近年的諾貝爾經濟獎得主，是否多半具有數學背景？而得獎的代表作是否多半具有數學的本質？

雖然有以上的辯白，但是數學變得越來越純粹，也是個不爭的事實。這是因為二十世紀的兩次大戰，西方人幾乎毀滅於他們發明的科技。為了戰爭，化學提供了毒氣、物理提供了原子彈、

生物提供了超級病菌，一些數理才智之士感到灰心而躲進看起來最純淨的數學 [16]。[19] 這種觀念在第二次世界大戰之後蔚成一種風氣，相當程度地影響了一代、兩代、甚至三代的數學家，使得他／她們想在自己的領域裡維護一塊淨土，傾向於研究純粹的數學，而且一旦發現有用的東西，就把它請出領域之外。在二十一世紀，這種風氣已經開始轉變。

費瑪最後定理，捷克共和國發行

純數學關注的問題通常斷離了一般人的生活經驗，所以難以引起共鳴。[20] 可是凡事都有例外：費瑪最後定理（Fermat's Last Theorem）的證明幾乎成為 1990 年代的國際焦點新聞。除了它的緣起和結局都充滿了戲劇張力以外，更可能是因為它的源頭是人人學過的畢氏定理，才能攫取社會大眾的注意。最前面講過蘇美人就知道畢氏三數 (a, b, c)，我們說它是方程式 $x^2 + y^2 = z^2$ 的一組正整數解，事實上 $x^2 + y^2 = z^2$ 有無窮多組正整數解。兩千多年之後，費瑪宣告：只要次方 n 超過 2，則 $x^n + y^n = z^n$ 全都沒有正整數解。這可能是數學之中唯一還沒證明就被尊稱為定理的猜想，而它總算在 1995 年被正式證明了。

19　其實數學並沒有那麼純潔。數學提供了訊息加密和解密的算法，也為破譯別人的密碼提供方法。此外，數學負責計算砲管的彈道表，也為極度複雜的後勤補給設計最佳化程序。這種最佳化問題在戰後發展成「運籌學」，線性規劃就是其中一種方法。可是，數學家如果把這些工作全部排拒在外，則或許可以說數學是純潔無害的。

20　舉例來說，數學家開始關心：為什麼無理數的乘法可以交換？例如 $\sqrt{2} \times \sqrt{3}$ 為什麼等於 $\sqrt{3} \times \sqrt{2}$？

第 4、5 這兩篇文章要特別感謝《數學情報員》季刊（*The Mathematical Intelligencer*）開闢的數學郵票專欄，以及後來集結成冊的出版品 [17]。這兩篇速寫了數學的大歷史，下一篇我們將「中國的第一次接觸」展開更多細節。

延伸閱讀或參考文獻

[1] Frank Swetz 著，彭廣愷譯，《資本主義與算術——十五世紀的新數學》，河中文化，2003。

[2] 洪萬生，〈資本主義與十七世紀歐洲數學〉，《中學數學教師電子報》126，2017。

[3] Jacques Barzun 原著，鄭明萱譯，《從黎明到衰頹：五百年來的西方文化生活》，貓頭鷹，2004。

[4] Nicolaus Copernicus 原著，The Harvard Classics 英譯。*Dedication of the revolutions of the heavenly bodies to Pope Paul III*，原著 1543，英譯 1914。取自 www.bartleby.com/39/12.html

[5] 邱韻如，伽利略訴訟案，2010。取自 chiuphysics.cgu.edu.tw/yun-ju/cguweb/sciknow/phystory/galileo/GalileoSuit.htm

[6] Jacob Soll 原著，陳儀譯，《大查帳》，時報文化，2017。

[7] 湯開建，《明清天主教史論稿二編——聖教在中土（上）》，澳門大學出版社，2014。

[8] 李國偉，〈中國古代對角度的認識〉，收錄於《數學史研究文集》第二輯，內蒙古大學出版社與九章出版社，1991。

[9] René Descartes (author), David Smith and Marcia Latham (translators). *The geometry of René Descartes*. Dover, 1954. (French 1637, English 1925)

[10] Isaac Todhunter. *A history of the mathematical theory of probability*. MacMillan, 1865.

[11] William Berlinghoff and Fernando Gouvêa 原著，洪萬生、英家銘與HPM團

隊譯，《溫柔數學史》，博雅書屋，2008。

[12] Abraham de Moivre. *The doctrine of chances: A method of calculating the probabilities of events in play*, 3rd ed. Millar, 1756.

[13] Daniel Kehlmann原著，闕旭玲譯，《丈量世界》，商周出版，2006。

[14] Hugo Iltis (author), Eden and Cedar Paul (translators). *Life of Mendel*. George Allen & Unwin, 1932.

[15] 張海潮，《狹義相對論的意義》，臺灣商務印書館，2012。

[16] G. H. Hardy. *A mathematician's apology*. Cambridge University Press, 1940.

[17] Robin Wilson. *Stamping through mathematics*. Springer, 2001.

6

徐光啟與數學的最初教材

　　西元 2007 年 11 月 10 日，處於相當無知狀態的筆者，懷著朝聖般的心情到中央研究院旁聽「利瑪竇與徐光啟合譯《幾何原本》四百週年紀念研討會」[1]。那天我才知道徐光啟生於 1562 年，比我大了整整四百歲。這豈不是說，四百年前的徐光啟與當下的我同齡嗎？對啊，這年我們四十五歲。坐在聽眾席間的我如此默想著：一個讀了半輩子四書五經的四十五歲傳統學者，怎麼肯離經叛道地跟隨一名外人翻譯數學經典呢？一名擁有進士身分的科舉翰林，怎麼還會想要學習數學呢？而在四十五歲這個被認為不再有創新能力的年齡上，他又如何能理解「幾何」這套全然外來的知識體系呢？

　　正當我神縈魂繞著這些問題時，台上的蕭文強教授引述了巴斯卡的話：「心能了解理智不能解釋的原因。[1]」難道只能這樣

1　*"The heart has its reasons of which reason knows nothing."* —Blaise Pascal

解釋徐光啟當年的原因嗎？真相固然已不可得，但歷史探究的意義從來就不在於獲得「真相」，而是滿足自己「理解」的慾望。本篇就是筆者讀千頁書之後的理解。[2]

徐光啟

徐光啟畫像

當地球村在十七世紀初具雛形的時候，徐光啟是第一位同時知名於西方與東方的人物。在西歐的宗教文獻裡，他以徐保祿的名字被奉為保護天主教在華傳教事業的三柱石之一；從中華文化的內部來看，他是引進西洋科技文明的第一人。

《幾何原本》的首頁以泰西利瑪竇和吳淞徐光啟並列。吳淞就是上海，如今上海有個徐家匯，而徐家匯的名勝之一，就是徐光啟墓園和紀念館。在光啟之前，徐家人丁不旺，連著幾代單傳（只有一個兒子）。他的高祖是遷至吳淞墾荒的第一代，曾祖力耕於野，成為擁有土地的自耕農，祖父則去農為賈，攢積了資本。光啟的祖母中年守寡，卻是在她的經營之下，徐家的家業首度發達起來，使得光啟的父親徐思誠還不到二十歲就成為地方大戶。徐思誠受過教育，能讀會寫，偏愛陰陽占卜之術，而這些知識屬於當時的

2　本篇的一份簡短版本，西元2009年發表於《科學月刊》[2]。

「算學」。由此或可推論，思誠對於計算這種小技和「生前死後」這種大哉問，都有興趣；而光啟也可能受到感染 [3]。

在光啟誕生的五到十年之前，他的家鄉經歷了倭寇之亂，家中財貨被掠劫殆盡。思誠留在上海參加自衛隊，光啟的祖母和母親帶著襁褓中的姊姊逃入內地避難。倭寇通常沿海打劫，但是有一股五十到七十人的海賊，卻從杭州上岸，一路燒殺到南京城南，如入無人之境。南京是明帝國的陪都，號稱駐軍十二萬，在那股海賊被殲滅於常州之前，據報死傷官兵四千餘人 [4]。假如日本浪人真有這種實力，那麼中國在三百多年之後的甲午戰敗，也許並沒那麼冤枉。

徐光啟是在倭寇留下的殘垣斷壁之間長大的，家人與鄉里間傳說著抗倭的悽慘或悲壯的故事。據說他身體強健矯捷，言語間流露從軍衛國的志氣。可是他的祖母卻以軍事的糜爛，反覆告誡光啟萬不可從軍。確實，我們從歷史課本或戲劇小說中讀到的每一員明朝勇將，不是被文官罷黜就是被太監誣陷，更慘的還被皇帝處死；其中包括光啟未來的一名高足。

在光啟的時代，宋儒的理學昇華到心學，由文字的推論和語言的類比所發展出來的學問，達到一種虛無的高點；精熟這種學問而又經過科舉篩選的高官大臣，對於所謂道德與道統的堅持，更是達到不可思議的境界。曾經有一兩百名官吏，認為皇帝處理他的家務事不合道統而聚在宮門之前嚎啕大哭，皇帝生氣了，叫衛兵把他們一一拖出去打屁股。如果不是寫在歷史學者的書裡，我一定不會相信這麼荒唐的故事。

鑽研天理與心性的廟堂大臣，連東南沿海的倭亂都不認為是

頂重要的國事了，當然也無意關照黎民百姓的基本衣食需求。中國的農織技術停滯了很長的時間，在中國的大地上，多下點雨就氾濫，少下點雨就犯旱，兩者都造成農損，農損導致飢荒，飢荒就任由餓殍遍野；從孟子的時代以來，就一直這樣，人們都習慣了。

光啟在童年時期，曾經從玩伴的家裡學到栽植棉花的巧門，回家告訴父親。[3] 讀書之餘，他常在田隴之間追著農夫每事問。十九歲上，趁著背負行囊走去參加縣試的機會，故意繞路去瞻仰黃道婆祠堂（而且是在考試之前）。黃道婆比徐光啟早二百五十年左右，將紡織術傳入上海，被當地紡織業奉為祖師娘。走在仕途上的讀書人向來認為農、工、商不值一顧，而這些事蹟都預告徐光啟將是個不一樣的讀書人。[5]

十九歲參加的第一場縣試，光啟就考取了「秀才」功名。家裡馬上給他娶了媳婦，次年就生出長子徐驥，他的前途看起來一片大好。可是，他卻走上一條人跡罕至的路，一切變得不同。在光啟生活的時代，他渴望的知識不是數學也不是科學，而是實學。實學有兩方面的意義，一則知識的來源是可實證的，二則知識的去處是可實用的。

相對於實學，有些知識來自於感官經驗所做的文字類比，例如「天行健君子以自強不息」。為什麼君子就該學習天體那樣的不停運轉？為什麼不要像大山那樣的安定不動、像流水那樣的順勢而為、像雲朵那樣的收放自如呢？何況天體是週期性的運行，

3　徐家在倭亂中喪失了資本，只好回頭務農；思誠生在商賈之家，是農業的外行。

永遠不脫離軌道也永遠沒有創新，真的值得效法嗎？還有些知識來自語言之間的彼此解釋，譬如常言道「凡事都有兩面」，可是莫比烏斯帶就只有一面；又例如真、假的字面定義讓人相信一句話不能「既真又假」，可是「我正在說謊」這句話就打破迷思了。

光啟身處的知識體系，是以經驗為基礎，用古聖先賢的言語再加上歷代鴻儒解釋那些言語的言語交織而成的，那是一個穩固的而且唯一的派典，任何一個個人都很難有所突破。光啟雖然心存渴望，可是在他的環境裡，卻也找不到出路。另一個亟需解答的，是關於生從哪裡來、死往哪裡去的問題。孔子對於這個問題基本上只用「未知生焉知死」一語帶過，意思就是「別問」。那些不得不問的人，傳統上分給了釋道兩家。光啟肯定花了很多時間去研究它們，可是他那顆嚮往實學的心，無法在這兩家理論中安頓下來。

在知識的實用面上，貫徹徐光啟一生的主題應是「富國強兵」。他主張「富國必以本業，強國必以正兵」，所謂本業在當時就是農業，而正兵是指有別於已經腐敗不堪的常備軍，搭配新式火器之攻守戰術而訓練新兵 [6]。光啟屢屢在奏疏中陳言軍政、戰術和練兵的見解，後來確實得到皇帝批准，著手實踐他的規劃，卻差點落得身敗名裂。練兵經歷的真正價值，或許是讓他理解軍事問題並不只是技術問題，文官、武將和太監之間複雜而黑暗的糾結，等於是帝國結構的本體，超出任何個人的能力範圍。光啟可能在此時相信了先祖母在他少年時期的告誡，趕緊從軍政抽身，也可能因此保住了他的一條老命。

在強兵主題上，光啟失敗了，他的正兵實學集結成一本《徐

氏庖言》。而富國主題則驅動光啟持續做了一輩子的農業研究，而且成果豐碩，完成了堂堂六十卷的單一作者生涯代表作《農政全書》。這本書陸續寫了三十年，直到辭世之前還因為忙著輔佐崇禎而未定稿，逝後六年才由門生輯校刻印出版。這部實學大作包含自神農以降的文獻探討，為植物農器織具水利提供豐富的圖譜，墾殖的技術從百穀蠶桑擴及蔬菜、水果以及草本、木本的經濟作物，並特別關注澇旱時緊急救饑的雜糧野菜。[7]

我說光啟追求實學，而不說經世之學，其間的差異在於知識的來源。實學與經世之學都關注於知識的「可施於用」，特別是治國利民之用，但經世之學仍是儒學，知識的來源是經典的辯證，而實學則希望知識來自於實證。乾隆時期的《四庫全書》編輯認為：光啟因為「從西洋人學」所以「得其一切捷巧之術」，可見直到西元 1780 年代，歐洲的工業革命已經展開二十年之際，清朝的知識份子仍未恢復實學的態度。他們該留意《農政全書》的許多內容都有實作根據，很多關於墾殖與水利的內容，光啟在自家土地上做過實驗，例如他在上海試曬海鹽，在天津試種水稻，他也親自嚐過許多救饑的野菜；除了實驗以外，他還運用田野調查法，透過實地的訪問與觀察而獲得知識。[4] 這就是實學有別於經世之學的求知方法與態度。而中國本有實學，並非西來。例如炎帝先嚐百草造農具，然後「未耜之用以教萬人」，就是實學。

徐光啟對於實學的渴望以及農政的關懷，蹉跎了他的功名之

4　從《徐霞客遊記》可知當時社會已經能支持長距離的旅行。光啟常往來於上海與京津之間，也曾造訪寧夏、肇慶和澳門（兩次）。他自言「廣諮博詢，遇一人輒問，至一地輒問」。

路。在當時，如果想要報效國家、對社會發揮範圍較大的影響力，參與科舉考試取得功名是唯一的途徑；可是考試成績的唯一批判標準，卻是那些不尚實用的典籍內容。這種彼此矛盾的糾結，分散了光啟的學習時間也影響了他的策論風格，導致他歷經二十三年屢敗屢試的教學耕讀生活，直到四十二歲才考取進士。

《四庫全書》之《農政全書》

中國原生的數學

　　前面說明了徐光啟關懷的主題是農政。他認為農政是富國強兵的根本，也是政府的根本責任，可是「國不設農官，官不庀農政，士不言農學，弊也久矣」。從農政出發，延伸出土地丈量、水利工程、農器機械、氣象地理的實學需求，算學就是從這裡介入的。在他接觸西學之前，光啟已經學習了我國的測量與算法，

部分成就呈現於 1603 年為上海知縣所寫的〈量算河工及測量地勢法〉，那是他考取進士的前一年。這篇關於疏浚與灌溉的文章，主要是一份操作手冊，在文末解釋的算法，顯示光啟熟稔勾股術（古文亦作「句股」）。

中國古傳的算術典籍《九章算術》（以下簡稱《九章》），其淵源上溯黃帝與伏羲，內容涵蓋治國與經世所需的九類算法，是實用導向的數學應用手冊。勾股是《九章》的第九章（卷），基本上就是直角三角形與畢氏定理在測量方面的應用，也有少許學術傾向的問題，例如求直角三角形的內接正方形邊長和內切圓直徑。在《九章》的勾股 24 問之後，許多才智之士推廣出更多的測量方法，例如劉徽增補 9 問以示範他提出的新方法：重差，後來輯成《海島算經》一卷。但是這些算書的「原版」[5] 在光啟的時代已經全部失傳了，無論坊間書肆或私人藏書，均不可得，只能從別的書籍讀到輾轉引用的部分。[6]

前面已經透露《九章》以「問」為基本單元。例如勾股那一章劈頭就問：「今有勾三尺，股四尺，問為弦幾何？」接著就「答曰：五尺」。為什麼呢？因為計算的方法（算術）是「術曰：勾股各自乘，併而開方除之，即弦」。原文甚至沒有定義「勾、股、弦」是什麼？可見這不是一本可以自學的書，必須有師父教導；

5　沒人知道《九章》的「原版」內容。這裡指的是經過劉徽和李淳風注釋的版本。

6　幸好「大內」還有所存。明成祖初年命人編輯中國最大的一部類書：《永樂大典》，《九章》和其他數學書籍的內容，被拆開編輯到對應的辭條之下。乾隆三十四年（1769）四庫開館以後，戴震（1723-1777）從《永樂大典》中把《九章》輯錄出來。但因此書久佚初顯，有很多扞格不通之處，需要繼續校訂與闡釋。李潢（1746-1812）的《九章算術細草圖說》九卷，另附《海島算經》一卷，是一份重要版本 [8]。本篇採用的是李繼閔（1938-1993）版 [9]。

劉徽以注解的形式補充了「勾、股、弦」的定義。而第 1 問的「術曰」就是畢氏定理：$弦 = \sqrt{勾^2 + 股^2}$。原文雖然陳述了定理，但是沒有證明，劉徽也以注解的形式給了證明。該證明僅 42 字，關鍵是「出入相補」，我認為能自己讀懂的都是天才。

　　整本《九章》就以「問―答―術」的結構一以貫之，每一問就是一種題型，而術就是算出答案的公式或步驟，沒有「保證」該術肯定正確的證明，也沒有「為何」想出此術的理由。《九章》可能打從一開始就沒有證明，[7] 導致後來想要實證的讀者非常苦惱，所以劉徽補撰的注釋才顯得格外有價值，因為它可以被理解為證明。劉徽雖然為《九章》補撰了證明，但是他自己寫《海島算經》的 9 問時，還是繼承「問―答―術」的結構，也沒有寫下證明。到了光啟的時代，他所能讀到的算書，最詳盡的當屬《算法統宗》。

　　《算法統宗》去《九章》不止一千三百年，可是它們卻有驚人的相似度。《算法統宗》仍然以「問」為基本單元，仍然依循「問―答―術」的結構，也就是題型搭配公式的結構，只是改「術曰」為「法曰」[10]。《算法統宗》在算法上的實質進步很少，超越《九章》範圍的題型大多放在卷七，例如「分田截積」和「弧矢求積」[8]，大致來自於楊輝和顧應祥發表的新算法 [11]。發生

7　在中國古算書之中，《九章》的地位最高，原因之一或許就是它的可信度。不是每一本算書的內容都是全部正確的，例如《孫子算經》居然有一題是給定孕婦的年齡和懷孕月數，求生男或生女？此題流傳千年，被列為《算法統宗》最後一卷最後一問，題型名為「孕推男女法」。[10] 換個角度來看，此算法相當於決定一個零到九之間的亂數，以其奇偶決定胎兒性別。

8　所謂弧是一段圓周，弧之兩端點連線段稱為弧弦，簡稱弦。弧與弦的中點連線段稱為矢。

於宋元之交的天元術，也就是一元二次、三次……方程式的立式與求解技術，在明代可能無人能懂，所以運用這些技術的新算法也就沒寫在《算法統宗》裡。[9]

從教學的角度來看，《算法統宗》倒是頗有進步。它成功引介一種新的計算工具：算盤，詳加解釋其算法，還搭配幫助記憶的歌訣以及相當多的實例，使它成為優秀的教材，而且提供讀者自學的可能性。以勾股那一章為例，先寫了一段友善的文字介紹何謂勾股？學習之後將會算哪些題型？還有插圖呢！接著，先將相關名詞定義一遍，例如勾股較、弦較和等，再以邊長為 27、36、45 尺的直角三角形為例，將各種名詞實算一遍，然後才開始第 1 問「勾股求弦」。至於每問的算法，也都盡量編成歌謠或韻文，也許真能提高學習成效。例如：

勾股求弦各自乘　乘來相併要分明
開方便見弦之數　法術從來有見成

雖然《算法統宗》是一份實用而友善的教材，但是對徐光啟這種學者來說，它卻有個致命缺點：沒有證明。劉徽以及其他早期學者注釋的證明全部失傳了。因為沒有證明，所以「其義全闕，學者不能識其所繇」（繇通「由」）。這種情況顯然惹惱了光啟，導致他寫下很不客氣的話：「第能言其法，不能言其義也。

9　《算法統宗》卷七「積截田圓」列出一個特殊的四次方程式，可以不用天元術而以傳統的開方求解；「荒垓繫牛」意圖引用天元術，卻反而暴露出作者不知所云的真相。

所立諸法，蕪陋不堪讀」。本書第4篇簡略提到：從《九章》到《算法統宗》的一千三百年間，在宋、元之際曾有高度的數學發展，可惜那些知識都被凍結在無人閱讀的書卷裡，到了光啟所在的明朝末年，已經沒人知道了。

至此，我們知道徐光啟接觸西方數學之前，已經為了農政所需而學習了中國的傳統算學，而且具備了應用的能力。可是在他的內心深處並不滿意，他感到一種無以名之的渴望，想要追尋一種風格卻因為缺乏文化中的典範而四顧茫然。如果我們能想像他當時如墮黑霧之中的心理狀態，我們就可以想像當他知道 *Euclidis Elementorum*[10] 這套知識體系時，內心有如天啟般的狂喜。

所謂德不孤必有鄰，明代還有一些跟光啟一樣具備實學性向的才智之士，全都苦於科舉的桎梏而有志難伸。在他們之中，有些人放棄科舉仕途而專心著述，留給我們的大作包括《算法統宗》、《本草綱目》和《天工開物》；有些人考上功名，因為任職在外而降低了影響力，例如在陝西作官時寫成《古今律曆考》的邢雲路，為利瑪竇刻印中國第一幅世界地圖的肇慶知府王泮。至於光啟的特殊性，除了他堅持二十三年考取進士功名之外，還有兩個幸運的因素，一是被皇帝欽點留在北京，二是認識了利瑪竇。

---

10 Euclidis Elementorum 是利瑪竇帶到中國的那本數學書的拉丁文名。拉丁文以 V 代 U，故實際的拉丁文書名是 EVCLIDIS ELEMENTORVM。

利瑪竇

假如《萬曆十五年》有再版，肯定該為利瑪竇補上一章。[11]
那一年，天主教在華的傳教事業，看起來也沒啥大事。利瑪竇已
經三十五歲，學習中文卻剛進入第五個年頭，在廣東肇慶擔任羅
明堅神父的副手，試圖開教。他們住在寺廟裡，剃了光頭，穿著
袈裟，假托為西來的僧人。寺裡的生活安靜而緩慢，在寺外雖然
偶爾遭受紈絝子弟的挑釁，但與當地仕紳頗有來往，特別是跟王
泮知府建立了交情。雖然這年利氏已經為中國繪製了第一份世界
地圖，而且學會製造自鳴鐘（以發條驅動、會報時的機械鐘），
但是他那有如創世紀般壯闊的旅途，還沒真的展開。[12]

利瑪竇出生在義大利東側的小城市，比徐光啟大十歲。在
他出生的西元 1552 年，天主教沙勿略神父（Francis Xavier）在
澳門西南方的上川島等待進入廣州，卻因急病而驟逝，得年僅
四十六歲。沙勿略是耶穌會創始元老之一，他在三年之前以（自
稱）教廷大使身分進入日本，幾乎見著天皇。雖然言語溝通的效
率極低，他卻在日本居停兩年，協助後來的神父建立教堂，而且
成功地勸服一些日本人從佛教或神道改信天主。由於沙勿略的先
驅與號召，耶穌會在接下來的半個世紀深入經營遠東的佈道事
業，他們也成為向歐洲傳遞日本和中國消息的權威機構。

11　《萬曆十五年》[4] 是歷史學家黃仁宇最著名的一部作品，兼獲學術與科普的好
　　評。其英文書名直譯為：1587：沒啥大事的一年（*1587, a year of no signifi-
　　cance*）。書名似乎鎖定某一年，但內容與書名恰恰相反，實際寫的是「大歷史
　　觀」。黃教授以表面看來沒啥大事的萬曆十五年，敘說明朝國運大勢的來龍去脈。

在沙勿略之後的第一代傳教士，以對待非洲和南印原住民的同樣方式對日本和中國傳教，教團要求皈依者學習葡萄牙語、奉行天主教的儀式、學習歐洲人的穿著和舉止，可是限制他們進修的權利，也不讓他們晉升稍高的等級。直到范禮安神父（Alessandro Valignano）抵達澳門，才徹底翻轉此一傳教策略。范神父領著遠東教務視察專員的頭銜，可以理解為教皇的欽差大臣吧。經過一年的研究，他認為日本與中國的文化程度不可與此前所見的民族同日而語，在這兩地的傳教策略，應該要讓傳教士本身學習中日的語言文化，要神父融入當地，而不是葡化當地人；不能直接說要拯救你們的靈魂，要說是為了仰慕貴國文化而來。雖然范神父親赴日本，把後半生奉獻給耶穌會在日本的傳教事業，被後人尊為日本使徒，但是他的一生對利瑪竇有求必應，成為利神父最忠實最有力的上司兼盟友。

范禮安神父畫像

耶穌會（Society of Jesus）是在馬丁・路德「抗議」之後，於天主教的自省氛圍中成立的修會，他們的使命之一是接受教宗的派遣，到世界各地傳教，而他們的特色之一是重視教育，也熱衷於興學。利瑪竇幼時在家學習，他的啟蒙塾師加入了耶穌會。後來耶穌會在他的城裡辦了中學，他就在那裡從九歲讀到十六歲，然後被父親送到羅馬大學主修法律。利爸爸本來希望兒子在羅馬結識名流，求取功名，可是三年之後，青年瑪竇卻發願加入耶穌會，經過初學考核而在二十歲正式進入耶穌會的最高學府羅馬學院（Roman College）。瑪竇在學院的主要功課當然是神學

與哲學，但是他也幸運地跟隨丁先生（Christopher Clavius）學習了數學和天文。[12]

耶穌會會徽

耶穌會士（Jesuits）不乏卓越的學者，例如丁先生就是一位與伽利略同儕的自然哲學家。他在十七歲加入耶穌會，從德意志負笈葡萄牙科英布拉大學，然後來到羅馬學院擔任教師，建立了耶穌會的數學課程。他後來成為格里曆的改曆負責人；如今我們採用的潤年規則：四年一潤、逢百不潤、四百重潤，就是格里曆的特徵。這份新曆表現出當時對「七政」[13] 的最高測算成就。利瑪竇在學的 1574 年，丁先生以拉丁文出版了作為數學教材的 *Euclidis Elementorum*。利瑪竇是丁先生的親炙弟子，相信他在二十二、三歲的時候好好學習了這本書，而且把它放進行李箱，帶著一起航向遙遠的東方。

西元 1577 年，利瑪竇未滿二十五歲，他接到派往印度果阿的「第二聖召」。或許因為消息來得突然，也或許難以啟齒，他沒有回家辭行就直接從羅馬前往里斯本。但是他沒趕上當年的風季，便到丁先生的母校學習葡萄牙文，等到次年 3 月 24 日才登船。同船有十四名耶穌會士，包括羅明堅（Michele Ruggieri），

12　「丁先生」是利瑪竇給老師取的名，大概因為 Clavius 的意思是鑰匙，當時鑰匙的形狀像丁。
13　「七政」是中國對太陽系群星的稱呼：日、月、五大行星（金、木、水、火、土）。

他比瑪竇大九歲，擁有世俗法和宗教法兩個法學博士，在出發前晉鐸成為神父；他將是第一位被范禮安指派學習中文的耶穌會士。

這一船耶穌會士在 1578 年 9 月 13 日全體安抵果阿。這並非理所當然，通常總有幾人在船上蒙主恩召；最慘烈的一次，出發十三人抵達三人。然而這種旅行讓人不死也去半條命，就連年輕力壯的瑪竇也得連睡一個月才能起床。在此同時，范禮安到了澳門。

中國朝廷在利瑪竇兩歲的時候（嘉靖三十三年），正式將澳門租給葡萄牙。當范禮安到澳門時，瑪竇將滿二十六歲，教堂已經建立起來，但主要服務歐洲人而非以傳教為職志。范神父擬定「融入當地，間接傳教」的策略之後，他親赴日本，把羅神父從果阿調到澳門來學習中文，負責進入中國開教的任務。因為中、日、葡在南海的商貿接觸已有兩世代的歷史，當時已有口譯人才，可是羅神父的最終目標是以中文傳福音，所以他必須同時學習聽、說、讀、寫。我們應該理解，羅氏不但必須自學，就連教材教法都得自己設計。經過兩年的行動研究，羅神父從無到有地探究出第一套為拉丁語系而做的「華語作為第二語言」學習材料，也為自己奠定了歐洲第一漢學家的地位。「天主」便是他的中譯。

可是羅神父畢竟年奔四十，任誰在這種年齡上學習如此遙遠的外語，都很辛苦。獨自苦讀三年之後，也許他需要同學，也許想有傳承，而且與他同船的同鄉老弟利瑪竇已經晉升司鐸，因此請求將利神父調來澳門，分擔中國開教的重任。范神父玉成此

事，要利神父即刻啟程。瑪竇的身體似乎不適航海，這次的四個月航程幾乎要了他的命；他在 1582 年 8 月 7 日奄奄一息地抵達澳門，年將三十。

利瑪竇可能是搭乘一艘克拉克帆船（葡語 carraca）來到澳門，那是一種圓形深底的船，有三到四根帆柱，使用方形帆，載重約四百到六百公噸。在那個時候，里斯本－莫三比克－果阿，以及馬六甲－澳門－長崎之間，已經有配合季節風向的定期航班了 [13]。日本的一份著名藝術品南蠻屏風上，繪製了克拉克帆船的形象，如左圖。

克拉克帆船

利神父抵達澳門的次年，羅神父總算在肇慶獲得第一個立足之處，他帶著瑪竇一同以西僧身分進入中國居留。雖然羅氏努力經營、四出遊方，可總是無法拓展第二個據點，最後連肇慶也守不住，只有黯然撤離。在澳門與果阿的天主教同修，對此結局通常表示並不意外，他們普遍對於耶穌會范神父的策略不以為然。

歷經六年的第一階段開教嘗試，可以解釋為建設性的失敗。羅神父於 1588 年帶著范神父呈教皇的請願返回歐洲，時機不巧

也沒成功。六年的教訓，讓瑪竇確認社會菁英並不非常尊重佛僧，儒家才是中國哲學的正宗，因此決定「補儒易佛」[14]，不再假托佛僧而以儒生自居。他將提升自己的中文能力，能就四書和佛經的內容展開口語辯論，也將批判心學，辯證《聖經》的教諭更接近孔孟原本的倫理道德與天人秩序思想，而且西教比佛教更有能力為儒家補充生前死後的理解。他將要以西方的自然哲學和工程技術吸引知識份子的注意，[14] 藉此結交具有科舉功名或貴族身分的上流人物，以提高天主教在士人心目中的地位，如此則傳播福音就像風行草偃。終極的上流人物就是紫禁城內的萬曆皇帝，因此，當利神父失去了肇慶根據地，反而展開十二年前進北京的旅程，在十七世紀的第一年（1601）達陣。宗教史學者鄧恩將十六世紀那段從里斯本到北京的旅程，比喻為二十世紀的「登陸月球」[15]。再三年，徐光啟考取進士，入北京翰林院。

Euclidis Elementorum

以上標題是丁先生的拉丁文書名，對應英文的 Euclid's Elements，直譯為「歐幾里得的基本原理」。許多西方學者推崇

---

14 本篇刻意以「自然哲學」取代「科學」，因為前者是當年歐洲對此類知識的主要稱謂。Science 在十九世紀中葉才開始成為其主流稱謂，而「科學」則是日文稱謂。當時日文之「科學」其實不懷好意：「科學這個詞，似乎是明治初年伊藤博文等人造出來的。據說由於學者批評國政，因而讓學者研究百科之學，即分化成各個領域的專業學問，不要讓他們關心政治什麼的。這句『百科之學』後來被縮簡為『科學』。例如，明治十一年九月伊藤博文上奏的〈教育議〉裡，有「訓導高等學生宜向科學發展，不應將其引向政談」（中山茂「國學科學」體系日本史叢書十九《科學史》三七九頁）的內容。」[16：頁54]

Elements 這部書對西方文化的影響僅次於《聖經》。歐幾里得是托勒密一世時代的希臘人，生活在尼羅河口的亞歷山卓城。畢達哥拉斯差不多跟孔子同代，歐幾里得差不多跟孟子同代，前後相隔二百年；歐幾里得將這二百年希臘文明裡的理論性數學知識整理成一個系統，作為曆算、樂理、機械與工程力學、光學的共同基礎，因此命名為「基本原理」。

　　Elements 的版本考據是一門學問，丁先生的版本僅為其中之一，因為它的主要功能是作為教材，所以有許多改編。按當今公認的「正確」版本，*Elements* 有十三卷，可理解為一本十三章的書。在希臘和羅馬時代，就已經有人為它補綴兩卷（內容皆為第十三卷的延伸），所以後來也有十五卷的版本。丁先生再添一卷，他的教材有十六章。

　　Elements 以「題」為基本單元，它的意思是命題。[15] *Elements* 的命題有兩大類，一為求作，二為定理。它們都不是數值計算問題，所以題後不必「答曰」。求作的命題先用「法曰」說明操作程序，再用「論曰」證明所作確為所求，例如在給定線段上求作正三角形，又如求作給定線段的中垂線。本書第 1 篇就介紹過定理，就是由前提可做推論的恆真命題；定理先用「解曰」闡述其微言大義，再用「論曰」證其必然，例如畢氏定理及其逆定理，是 *Elements* 第一卷的最後兩個命題。[16]

15　命題：能客觀判定真偽的敘述句。
16　畢氏定理：直角三角形的兩股平方和等於弦平方，其逆定理：若有一三角形的某兩邊平方和等於第三邊平方，則它是直角三角形，且前述第三邊為弦。此處「弦」意為斜邊。

Elements 第一卷的主題是與直線相關的平面圖形性質，乃基本中的基本，所以內容可謂最豐富。[17] 第二卷從平面圖形導引出代數關係，例如平方展開公式 $(a+b)^2 = a^2 + 2ab + b^2$，當 a、b 為正數時的證明即如右圖。第三卷是圓與切線的性質及兩圓關

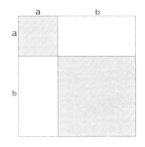

平方展開公式

係，第四卷探討圓的內切與外接多邊形，第五卷講比與連比，第六卷講相似形。雖然如今我們知道第五、第六卷所涉的數都可以是實數，但當年所謂的「數」皆為正整數，如今所謂的實數則稱為「量」。

　　第七卷就進入了正整數的性質（簡稱數論），例如該卷命題 2 即是以「輾轉相除法」求作兩數的最大公因數；第八卷探討連比脈絡中的數論，第九卷則出現關於立方與奇偶性的數論。因為畢達哥拉斯不承認無理數之存在，使得很多人誤以為希臘數學不知無理數，其實 *Elements* 第十卷就可以說是無理數論，[18] 並涉及平方根的運算。第十一卷探討空間中的直線與平面，第十二卷證

17　就命題的數量而言，第一卷（48題）僅次於第十卷（115題）。就定義的數量而言，第一卷（23項）僅次於第十一卷（29項）。而公設與公理僅寫在第一卷，亦即此書後續內容不再需要新的公設與公理。

18　前面說過，當時所謂的「數」就是正整數，所以並無「有理數」或「無理數」的說法，而是「可公度」的「量」和「不可公度」的「量」。對照國中階段學過的「數線」概念來理解，在數線的原點 O 右側取一點 P，所謂 P 是可公度量就是可以找到另一點 Q，使得 OP 線段長與單位長可以被 OQ 線段「公度」；意思是說 OP 是 OQ 的 m 倍長，單位長是 OQ 的 n 倍長，其中 m、n 為正整數。可見點 P 的坐標就是有理數 m/n。所謂 P 是不可公度量就是找不到前述性質的那一點 Q，而 P 的坐標就將是無理數。至於使用「理」表示比值，則始於徐、利稱相等的比為「同理之比」。

明了「圓面積正比於直徑平方」、「球體積正比於直徑立方」和
「錐體積是底面積乘以高的三分之一」，第十三卷則專論僅有的
五種正多面體。[17]

　　就內容而言，*Elements* 前十卷幾乎就是國中數學的內容（除
了平面坐標與機率統計以外）。但是真正讓徐光啟驚為天啟的並
非知識內容，而是確認知識的方法，也就是所謂「論曰」的證
明。但數學命題所指無窮，例如第一卷第 1 題於給定線段求作正
三角形，線段有無窮多種長度，如何能以有限字句證明一套固
定程序對任意長度的線段都得到正確結果呢？關鍵就在於定義
（definition，徐、利譯為「界說」[18]）和邏輯。歐幾里得在第
一卷列出 23 條定義，包括點、線段、端點、圓（心、半徑與直
徑）、三角形、正三角形等。

　　精確的定義使得「法曰」能夠簡
要而明確地描述操作程序。以前述命題
為例，稱給定線段的兩端點為 A、B，
參閱左圖，以 A 為心、AB 為半徑做圓
Γ_A，再以 B 為心、AB 為半徑做圓 Γ_B，
兩圓有一交點，稱之為 C。則以 A、B、
C 互連而成的平面圖形即所求（正三角形）。

　　定義也支持了「論曰」的證明：根據圓的定義，因為 C 在
Γ_A 上，所以 AC 與 AB 等長，又因為 C 在 Γ_B 上，所以 BC 與 AB
也等長。故 AB、AC、BC 三邊兩兩等長，依正三角形的定義，

$\triangle ABC$ 是正三角形。故得證。[19] 以上證明讓讀者放心，不論 AB 的長短，也不論線段 AB 畫在哪裡，按此題程序所得的 $\triangle ABC$ 必為正三角形。

　　Elements 每一卷提出它需要的新定義。例如第五卷定義了兩數的比，也定義了兩比的相等。所謂定義就像字典似的，精確約定數學言談中名詞、動詞、形容詞的意義，定義本身並無對錯，甚至有了定義也不保證存在。例如我們可以定義「麋豬」為粉紅色會飛的豬，也可以定義「龐矩」為面積大於或等於同周長之圓面積的矩形，甚至可以在學術上討論麋豬和龐矩的性質和特徵，卻不管到底有沒有麋豬和龐矩。

　　因此，*Elements* 必須做最低限度的約定：假設某些物件確實存在，並據以推論其他被定義的物件或觀念皆存在，否則這整部書討論的對象可能都是虛無的，就失去實學的意義了。這種存在性的假設稱為公設（postulates，徐、利譯為「求作」，並解釋為「不得言不可作」）。因為公設本身訴諸經驗直覺，所以並不可靠，應該盡量少用。歐幾里得僅需約定五條公設，就能確保十三卷中所有的數學物件皆存在，這種效率簡直就是一個奇蹟！公設之一約定從一點到另一點的直線段存在，之二約定直線段可以朝兩頭延伸為任意長的直線段，之三約定以任一點為心、任一長為半徑的圓皆存在。前面求作正三角形的證明，就需要第三條公設。

19　拉丁文為 Quod Erat Demonstrandum，縮寫為 QED，直譯為「這就是所需證明的」。

歐幾里得以 *Elements* 表現一種典範：每個專有詞彙（代表著數學的概念）都有明確定義，以公設確保它們存在（可作）；每個命題都經過證明，以保證其正確性；每一題的證明，只引用前面已經證明過的命題，以確保整個知識體系的穩固性。但是本書在第 1 篇說過，語言中並非每個概念都可以用更基本的概念來解釋，*Elements* 的命題也不能無盡地反推更基本的命題，總得在某處停下來，當作約定。這種理論性的約定，稱為公理（axiom 或 common notion，徐、利譯為「公論」，並解釋為「不可疑」）。公理不能用更基本的命題來證明，只能訴諸經驗直覺或理性信念，所以也應該盡量少用。歐幾里得僅約定了五條公理，其一是說如果兩量分別等於同一量，則它們彼此相等。前面的證明就需要這條公理：*AC* 與 *AB* 等長，*BC* 與 *AB* 也等長，所以 *AC* 與 *BC* 等長。大概有許多讀者認為這是理所當然的，可是認真想想，它並不是根據更基本的可靠知識推論而來的，只是凡人皆同此心罷了。第二、第三條公理就是國中數學講的加法、減法等量公理。

　　所謂 *Elements* 對西方文化造成很大的影響，是指它所展演的知識體系。然而人同此心、心同此理，這一套由公理、公設、定義、定理、證明架設起來的知識體系，對中國知識份子具有同樣的吸引力，特別是像徐光啟這樣尋覓著實學典範的才智之士。利瑪竇洞悉了這一點，便心生翻譯此書的願望。當時，並非中國人發現或想學 *Elements*，而是利瑪竇主動想要推薦這部書給中國；他肯定明白，在中國開教以及中譯 *Elements*，都將是足以名垂青史的功業。但是數學的轉譯需要另一套語彙和篇章句構，他自忖不足，必須尋求合作：由他口譯講解，再請中國學者撰寫適

當的文言（稱為筆受）。從 1590 年起，利瑪竇就開始尋覓合作譯書的對象；在他遇到徐光啟之前，至少試過二位國學之士，都不成功。主要的困難在於筆受者必須自己先理解 *Elements* 的數學內容，這是所有翻譯工作的一般現象：理解第一，文字隨之。

幾何原本

重訂傳教計畫之後，四十歲的利瑪竇謙虛地自稱秀才，在衣帽服飾和應對進退的禮儀上，都按秀才的禮儀行事。他的博學和他那遠得不可思議的旅程，以及富於邏輯的清晰談吐，果然使他逐漸在士林間博得名譽，不但開始有人登門拜師，也有人願意資助他出版。使他聲名鵲起的兩份早期著作都是應中國友人之邀而寫的，一卷《交友論》可謂中西文化交流的最先鋒 [19]，他憑記憶寫下西方文化中關於友朋關係的格言約八十則，先由他的第一位門生瞿汝夔（太素）作序，[20] 再版則有當代名人馮應京作序。[21]另一卷則是因為他表現了超強的記憶力，應邀傳授他的記憶法，想必對當時的考生很有幫助；漢學家史景遷以此為題寫了一部歷史著作《利瑪竇的記憶宮殿》。

西元 1600 年，徐光啟到南京拜訪老師焦竑。[22] 焦竑當時年

20　瞿汝夔是一位聰明但叛逆的名門子弟，本來以為西僧會煉金術而拜利神父為師，但後來成為第一批皈依的天主教徒。他是 *Elements* 的第一位筆受者，譯完第一卷而罷。

21　馮應京和另一名人李贄（卓吾）形同水火，彼此皆欲除對方而後快，可是他們卻都與利瑪竇為友，兩人也都在文章中高度推崇利神父。特殊的是李贄身為和尚，但瑪竇的言論貶抑佛教。

22　焦竑是萬曆十七年（1589）狀元，在 1597 年徐光啟第六次投考舉人時擔任主考

滿六十，在讀書人的社群中有祭酒的地位，而利瑪竇已經是望重士林的「泰西儒士」，也在南京，經常是焦竑等名流聚談的座上賓。光啟正式認識瑪竇，很可能是由尊師焦竑引介的。因此，瑪竇非但不是外人，反而是跟自己同掛的讀書人；而這正是利神父努力經營的目標。

徐、利初識於南京之後，分頭前往北京；他們分別三十八與四十八歲。光啟第二次到北京報考進士，將要第二次落榜。瑪竇帶著西洋奇器，第二次嘗試上京進貢，同行有龐迪我神父（Diego de Pantoja）、兩名在澳門入耶穌會的華人修士及兩名小僕。

瑪竇等人沿運河搭船北上，在山東臨清碼頭靠岸時，不幸成為監稅宦官馬堂的禁臠；起先他只是索賄，後來還想侵佔貢品。利神父一行被軟禁在天津一座廟裡，當鐘鳴仁修士溜出去求救時，鄭重囑咐游文輝修士及兩小僕，若馬堂來殺，必須與神父們齊死，北京的官吏也勸他們把貢物送給馬堂，以保性命，可見情勢之險惡。他們從秋季一直等到冬季，廟裡不供爐火，馬堂可能認為他們捱不過那年冬天，可是利神父卻堅持信心與盼望。直到1601 年正月初（明曆臘月初），萬曆皇帝不明原因地忽然問太監，不是聽說有西洋人要進貢自鳴鐘嗎？宮裡的太監才趕緊通知馬堂，而馬堂也才發還扣押的貢物，讓他們啟程進京。行李中，包括 *Elements* 在內的一箱書籍，被馬堂認定為邪門妖書，本來貼上封條永不發還，著令燒毀。可是搬運的衛卒不識字，把那口

官。這一次光啟不但總算考過了，還被焦竑拔擢為第一名。按當時禮節，光啟從此對焦先生執師生之禮。

箱子一併搬上拉往北京的驛車，不久被上司發覺，喝斥他們立即騎馬去追回。可是一群小卒擔心追回之後還是不免挨一頓打，乾脆棄甲逃亡了。就這樣，那箱書進了北京。感謝主。

西洋貢品確實不同凡響。當神宗皇帝打開聖母像時，被栩栩如生的畫中人嚇了一跳，感覺簡直可以跟她說話似的。皇帝把聖母當作菩薩，很孝敬地把它轉送給禮佛的皇太后，可是太后卻害怕過分逼真的人像，把它鎖進了庫房。不出神父所料，皇帝最著迷的是自鳴鐘；這種機械鐘，直到清朝道光年間，仍是王公貴族之間的高尚禮品。北京不許夷人居留，來貢四夷由朝廷招待於禮賓館，禮成之後就得出城。這位「純潔如鴿，機警如蛇」的利神父等到自鳴鐘發條用盡而停擺之時，暗示內宮太監那鐘不易維護，太監就主動去遊說，勸皇帝破例恩准這幾個西夷留在城裡。[23]

如此不符傳統禮教的破例，反倒引起高官大德的群起圍攻，紛紛擾擾了一整年；利瑪竇可能可以當選萬曆二十九年的北京風雲人物。利神父巧妙地周旋於宦官和文官的權力抗衡之間，在皇帝的默許之下，總算在 1601 年底賃屋安居於北京了。那年稍早，徐光啟進士落第而返回故鄉。越明年，他寫了〈量算河工及測量地勢法〉，讀完利瑪竇寫的兩冊宣講天主教義的書，到南京受洗入教，教名保祿（拉丁文 Paulus，即英文 Paul）。再一年（1604），光啟第三次赴京趕考，在錄取的三百零八位進士之間名列八十八，排名並不優，但是卻在殿試中被皇帝欽點為八名翰

23　另一件皇帝傾心的貢物是西洋琴。利瑪竇會造鐘，但不會彈琴，這就是為何帶著龐迪我神父了。龐神父的琴藝頗高，皇帝很喜歡聽他彈奏的西洋琴，因此就開始有北京的樂師向他學習琴藝了。

林之一，得以留在北京任庶吉士。

　　翰林館庶吉士相當於三年期的博後研究，份內該做的功課是研究時政，練習撰寫奏疏，成為丞相（內閣大學士）的儲備人才。在這三年之中，徐光啟幾乎每天拜訪利瑪竇，從他學習西方學術，包括數學、技術與宗教哲學。相對地，京城裡相傳有一位翰林每天到西泰子那裡學習，也抬高了天主教的可信度。光啟本來急於譯介經世濟民的學問，例如測量水利，可是瑪竇說服他從 Elements 開始，因為它是一切應用的基本原理。雙方下定決心之後，從 1606 年秋天起，每天安排固定三、四小時的功課，瑪竇口頭講解 Elements，反覆推敲驗證，下課後再由光啟將它撰寫成章。瑪竇尋覓精通中國文字與算學的筆受伙伴，以及光啟尋覓的實學知識體系典範，非常幸運地找到了彼此。如此一鼓作氣做了八個多月，在 1607 年 2、3 月間完成前六卷。光啟被激起了旺盛的意願，亟欲繼續，反而是瑪竇喊停。於是他們在 4 月刻印出版了 Elements 前六卷的中譯本，取名《幾何原本》六卷 [18]。

　　自漢朝以來「幾何」就是「有多少」的意思。《九章》每一「問」都是問幾何，《算法統宗》則「幾何」與「若干」通用。而且「幾何」是普通詞彙，並非專門術語，例如曹操的〈短歌行〉第一句就說：

　　　　對酒當歌，人生幾何，譬如朝露，去日苦多。[24]

24　這可能是曹操招降劉備的詩，開頭先博感情：「回想過去一起飲酒作樂，人生能有多少這麼美好的回憶呢？」「幾何」仍是「有多少」的意思。

徐、利雖然只譯了前六卷，可是肯定知道後面還有關於整數、無理數、空間形體的知識，何況在他們心目中，當時只是暫停，一方面試試看中國學者的接受度，另方面將時間挪去翻譯立馬可用的應用數學，等到時機成熟再續完後面九卷。徐氏在序言裡給此書破題說「幾何原本者，度數之宗」[25]，度是測量連續量所得的實數，數是點計離散量所得的正整數，兩者都是「有多少」的問題。可見徐氏並沒有轉變「幾何」的意義，而是將它從傳統脈絡裡「數的計算」意義，擴充到測量，再延伸到形體的數學知識。另一方面，關於形體之數學的拉丁文是 geometria，其第一音節恰好聲似「幾何」，所以用「幾何」來涵蓋 *Elements* 的全部內容，恰好可以音義兼顧。在延伸的意義之下，「幾何」所涵蓋的關於形體、整數、比例（相當於有理數）、無理數的知識，幾乎就是當時所知的全部數學（主要缺了方程和三角），所以，考慮徐、利所譯的《幾何原本》有意成為教材，如果將它轉譯為白話文，筆者認為即是《基礎數學》。[26]

利瑪竇非常滿意這份作品，他寄了四本回羅馬，其中一本致贈恩師丁先生。《幾何原本》六卷的底本是丁先生的教材，這份譯本也秉持著教材的精神。作為教材就要多寫註解，有些神妙的

---

25 下一句「所以窮方圓平直之情，盡規矩準繩之用也」也美極了，同時注重原理和應用。

26 本段是筆者在2009年個人所得的概念。後來，我讀到李國偉 [20]、梁宗巨 [21]、楊自強 [22] 皆發表過看法，基本上都認為「幾何」就是「有多少」，並無特指形體之學的意圖。李國偉認為「幾何原本」是「數學的根源」的意思。一位審查老師指出，第十卷的內容在當時是相當艱深的內容，不宜稱為「基礎數學」。老師也引介荷蘭學者安國風的大作 [23]，他認為「幾何」與 geometria 的讀音無關。

註解，至今還是值得參考。例如第二則定義說線只有長度而沒有寬度，接著就舉例解釋：試如一平面，光照之，有光無光之間不容一物，是線也。有些註解顯然是徐光啟增補的，例如丁先生將原文的兩條公設改成公理，另補一條直線段可分割為任意小線段的公設，解釋為「長者增之可至無窮，短者減之亦復無盡。嘗見莊子稱『一尺之棰，日取其半，萬世不竭』亦此理也」。這裡引用莊子，應該不是丁先生或利神父的意思吧？

　　站在教育的立場，徐光啟認為《幾何原本》（或者說《基礎數學》）並非專業技術，而是基本素養，每個人都該學習。他的理由如下：

> 學理者，袪其浮氣，練其精心。
> 學事者，資其定法，發其巧思。
> 故舉世無一人不當學。[6：頁 76]

這確實是數學教育能為每一位國民所做的貢獻啊。光啟還打趣地說，數學作為應用技術的基礎，就好比「金針度去從君用，未把鴛鴦繡與人」[6：頁 78]。而若國民都具備數學素養，將能提升整個社會的效率，用現代話說就是提高國家競爭力。理由是：

> 人具上資而意理疏莽，即上資無用。
> 人具中材而心思縝密，即中材有用。
> 能通幾何之學，則縝密甚矣。
> 故率天下之人而歸於實用者，
> 是或其所由之道也。

可是當時沒有太多人聽他的，所以他感慨地說「習者概寡」，只能寄託於未來：「竊意百年之後，必人人習之」。事實上，一直要等到政府實行九年國民義務教育之後，「人人習之」的理想才得以部分實現，而那已經是 1968 或 1986 年的事了。[27]

　　《幾何原本》六卷出版的同時，光啟的庶吉士期滿，獲准留在翰林院，升職為檢討，徐、利的合作看來可以繼續下去。這時候，應用《幾何原本》六卷的實用知識《測量法義》已經有了初稿，我猜想一本關於水利工程的書也在籌畫中。[28] 可是計畫趕不上變化，此時徐思誠忽然過世，他本人也已經受洗入教，徐、利二人為了他的喪禮如何兼顧中國傳統和天主教的禮儀，做了深入討論，也成為中國式天主教喪禮的第一次實驗。為父母守孝三年，是中國固有道德傳統，到了明朝變成法律，而且必須辭官歸里。所以光啟離開北京，回去上海。三年丁憂剛剛期滿，利神父卻忽然病危，因為通訊的差遲，光啟沒見著瑪竇的最後一面。在瑪竇身後

利瑪竇遺像

27　本段所引之言，都出自徐光啟的〈幾何原本雜議〉[6：頁76-78]。
28　水利書籍，由另一位義大利籍的耶穌會熊三拔（Sabbatino de Ursis）神父在利瑪竇身故之後完成，即《泰西水法》。此書很受重視，後來收入四庫全書，就排在《農政全書》的後面。[24]

的二十三年，光啟與後進的耶穌會士持續合作，全力向他們學習西方知識與技術，卻再也沒有接續《幾何原本》。

利神父逝於主後 1610 年 5 月 11 日，得年未滿五十八歲。當他在三十三年前不告而離鄉之時，可能沒想到此去就再也無回了吧？他用自己的死，為耶穌會達成前進北京的最後一步。此前九年，他們只是不被驅離而已。因為他生前在文官、宦官兩方面都得人緣，他的死使得雙方難得一致同意：該為他在北京好好地辦一場喪禮。神宗皇帝順勢而為，將城西滕公柵欄賜給耶穌會為利瑪竇修墓；這塊地相當於今天中國國家行政學院的校園。從此耶穌會在北京有了屬於自己的地盤（清朝也繼續承認），建立了教堂，後續沿葡萄牙路線而來的神父皆葬於此，包括湯若望和南懷仁。上頁圖是游文輝為利公繪製的遺像，這幅畫現存於梵蒂岡，可能是第一幅由中國人繪製落款的油畫。[29]

孰能無過

徐、利所謂的「幾何」本來是指當時全部的數學，可不幸的是這本書恰好只譯了前六卷，而前六卷僅有關於平面圖形的數學，導致後人誤以為那一類西方數學就是「幾何」。日本也深受影響。日本在 1870 年之後才翻譯 *Elements*，他們將書名譯為《原論》，並將其內容分類為幾何學、比例論、數論、無理量論，顯

---

[29] 游文輝（1575-1633），澳門人，西名 Manuel Pereira Yeou，在日本耶穌會的學校中學畫。

然日本將「幾何」設定為關於圖形的數學。清末，不論是自強還是洋化，都急於學習新知，但是能像嚴復那樣直接翻譯西文的人甚少，而社會情勢也不容許深入理解，只求速成，因此絕大多數的西方知識乃從日本轉介而來，日文的漢字更是毫不思索地直接採用。例如「科學」就直接移植了日文，而「細胞」從中國傳去日本再傳回中國，[30]「幾何」的新義也就這樣從日本傳回中國而覆蓋了原義。

雖然徐、利並沒有賦「幾何」予新義的意圖，可是「幾何」意義的流變，確實因《幾何原本》六卷而起。這是我感到相當遺憾的事，但是並不能責怪徐、利兩位前輩。

光啟對丁先生的教材深信不疑，說「*此書有四不必：不必疑，不必揣，不必試，不必改*」，這就回到了中國讀書人對經典的傳統態度，此態度不宜。其實，隨著數學文化的成熟，不可能對兩千三百年前的文本全無批判，例如丁先生就已經修改了原作。當我讀到第一卷命題 1 的時候，忽然心生躊躇：證明中兩圓 Γ_A 和 Γ_B 有交點的推論，來自於經驗，並沒有理論基礎。這是一個理論上的破綻，應該需要新增一條公理才行。查閱之後得知它已經被批判了至少兩百年，也已經被標注在各主要版本裡。一般讀者可能看不出破綻，但是像筆者這樣受過十年數學專業訓練的人，應該都能察覺。此外還有很多可檢討之處，當然最著名的就是所謂「平行公設」，本文不再多說。

---

30 「細胞」原是李善蘭的翻譯，可是當年並未成為中文的主流譯名，卻受日本歡迎。
　　[22]

結語

　　我不知道徐光啟擱下《幾何原本》的確切原因,接踵而至的耶穌會神父多半出自羅馬學院,也不乏丁先生的高足,照理說人才是不缺的。光啟知道此事的重要,但也僅說「續成大業,未知何日,未知何人,書以俟焉」而已 [6:頁 79]。不料這一擱置,就擱了整整二百五十年。西元 1857 年(咸豐七年),續完的《幾何原本》十五卷在上海出版;那時的上海已是租界,跟徐光啟當年的沼澤鄉村不可同日而語了。

　　在徐光啟的時代,遠來的耶穌會士竭誠地傾囊相授。即使天主教在華的宣教績效並不十分亮眼,耶穌會仍然接二連三地派出精銳青年到中國來。[31] 可是礙於教規,他們沒有提起某些知識,例如,光啟晚年引進西洋曆算,採用的是第谷(Tycho Brahe)的太陽系模型,神父們不提哥白尼和伽利略。其實當年朝廷使用大統曆推測日蝕只有三刻鐘的誤差而已,雖然不體面,但是相較於明末國政的內外相逼,實在不是一件急事。光啟親自投入修曆,主要用意是為了建立一所新的欽天監,[32] 讓耶穌會士在其中

31　當瑪竇進入中國的時候(1582),日本已有十五萬教徒;當他安葬於北京的時候,日本的教徒人數大約成長到三十萬人了。那時候中國的天主教徒還是數以百計。即使到了光啟的晚年,教徒人數也是破萬而已;光啟本人可能直接吸引了上千名教徒。[15]

32　明朝的天文測量儀器與方法,幾乎完全承襲元朝郭守敬(1231-1316)的制訂。到了利瑪竇去參觀的時候,不是壞了就是沒人會用。而明朝的漢人幾乎沒有人學習曆算,北京欽天監向來就有兩所,一所由漢人任職(天知道他們在做什麼),另一所由回人任職。徐光啟帶著耶穌會士主要挑戰的是回人的欽天監,而他促使皇帝設立第三所欽天監,讓洋人任職。

獲得官職，正式成為朝廷的一份子，
進一步鞏固天主教在中國的地位。後
來滿清入關，正是因為此一籌謀而保
住了耶穌會在北京的命脈。

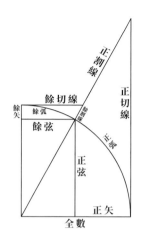

　　跟修曆相關的文件集結成一部巨
著《崇禎曆書》。就數學而言，此書
標誌一個里程碑：三角學的引進。當
時稱三角比為割圓八線，意即四分之
一單位圓上的八條線段長度，等價於
八種銳角的三角比；除了在高中學過的六種以外，多了正矢和餘
矢，如右圖，圖中所謂的「全數」即單位長，各線段長即為三角
比值。[25]

　　就算耶穌會不因教規而取捨一些知識，明末中國也學不到歐
洲數學的精華。因為真正將歐洲數學與自然哲學帶進現代的劃
時代人物是牛頓，而崇禎自縊時，牛頓才剛周歲。徐光啟逝於
1633 年，同年梅文鼎誕生，他是最有機會繼承並發揚西方數學
的人，更何況康熙本人對數學感興趣，直接支持數學的研究。然
而理論上可能的中西交流並未發生。直到乾隆四十六年（1781）
四庫全書的編輯簡介《泰西水法》還是說「西洋之學，以測量步
算為第一，而奇器次之。奇器之中，水法尤切於民用」[24]，完
全還在徐光啟的見識範圍之內。後面更接著說「他器之徒矜工巧
為耳目之玩者」，意思是說西洋的其他奇器都像自鳴鐘以及圓明
園的噴泉似的，只是取悅耳目的玩具而已。乾隆的朝廷裡，可能
沒人知道由蒸汽機和政治經濟制度帶動的工業革命已經在英國發

韌；西元 1783 年，第一艘蒸汽輪船下水。在西方帝國主義的擴張中，只剩下距離可以保護中國了。

本書至此已經連續寫了三篇數學的歷史。下一篇看起來還是歷史，但主角不再是數學，而是一條特殊的文明發展脈絡，數學在這個支脈上扮演核心的角色：自動化計算工具。

延伸閱讀或參考文獻

[1] 李國偉、徐光台、洪萬生，利瑪竇與徐光啓合譯《幾何原本》四百週年紀念研討會，www.math.sinica.edu.tw/workshop/2007Euclid/index.html，中央研究院數學研究所，2007。

[2] 單維彰，〈「幾何」原本〉，《科學月刊》477，656-657，2009。

[3] 羅光，《徐光啓傳》，1969 年原著，收錄於《羅光全書》冊廿八之二，臺灣學生書局，1996。

[4] 黃仁宇，《萬曆十五年》，食貨，1985。

[5] 徐秋鑫、梅乘駿，《徐光啓與利瑪竇》，天主教之聲雜誌社，2006。

[6] 王重民輯校，《徐光啓集》，明文書局「中國農書叢刊」，1986（原作於 1963 年）。

[7] 徐光啓，《農政全書》，收錄於《景印文淵閣四庫全書》子部農家類三七，臺灣商務印書館，1983。

[8] 劉洪濤，《數算大師——梅文鼎與天文曆算》，遼寧人民出版社，1997。

[9] 李繼閔，《九章算術校證》，陝西科學技術出版社，1993。

[10] 梅榮照、李兆華，《算法統宗校釋》，安徽教育出版社，1990。影印《康熙丙申年重鐫直算法統宗》，1716。原著：程大位，《直指算法統宗》十七卷，賓渠旅社出版，1592（萬曆二十年）。

[11] 王連發，《勾股算學家——明顧應祥及其著作研究》，臺灣師範大學數學研究所碩士論文，2002。

[12] 羅光，《利瑪竇傳》，1972 年再版，收錄於《羅光全書》冊廿八之一，臺

灣學生書局，1996。

[13] 羽田正編，張雅婷譯，《從海洋看歷史》，廣場，2017。

[14] 湯開建，《明清天主教史論稿二編──聖教在中土（上）》，澳門大學出版社，2014。

[15] George Dunne原著，余三樂、石蓉譯，《巨人的一代（上、下）》，光啓文化，2008。

[16] 板坂元原著，翟東娜譯，《思考與寫作》，錦繡，1994（日文本出版於1973年）。

[17] Richard Fitzpatrick. *Euclid's elements of geometry*. Edited and translated from Greek text of J. L. Heiberg (1883-5), 2008. Retrieved from farside.ph.utexas.edu/Books/Euclid/Elements.pdf

[18] 利瑪竇口譯，徐光啓筆受，《幾何原本》六卷，收錄於李之藻編《天學初函》影印本（四），臺灣學生書局，1965。

[19] 利瑪竇，《交友論》，收錄於李之藻編《天學初函》影印本（一），臺灣學生書局，1965。

[20] 李國偉，〈幾何是geometry的音譯嗎？〉，《科學人》93，25，2009。

[21] 梁宗巨，〈歐幾里得和他的幾何原本〉，收錄於藍紀正、朱恩寬譯，《歐幾里得幾何原本》九章，1992。

[22] 楊自強，《李善蘭──改變近代中國的科學家》，新銳文創，2018。

[23] 安國風原著，紀志剛、鄭誠、鄭方磊譯，《歐幾里得在中國》，江蘇人民出版社，2008。

[24] 熊三拔，《泰西水法》，收錄於《景印文淵閣四庫全書》子部農家類三七，臺灣商務印書館，1983。

[25] 徐光啓編，潘鼐彙編，《崇禎曆書》，上海古籍出版社，2009。

7

—

數、計算與文明

電子計算機（electronic computer）的製造技術以極快的速度推進，它的各種應用也以極快的速度影響我們生活的每一個層面。[1] 大家常說自從電腦在 1940 年代發明以來，就以越來越快的節奏改進其速度與容量；甚至有一個摩爾定律（Moore's Law）[2] 作為電腦「指數成長」的量化模型。然而歷史中沒有孤立事件，這種加速進步的模式，並非憑空鵲起，而是有跡可循。本文意欲回顧從遠古到 1950 年之間，在數、計算方法與計算工具方面的創造歷程。筆者認為，瞭解創造的歷程、認識創造與整體文化的相互影響，有助於體認創造的本質，進而提升個人的創造力，並

1　本篇從《計算機概論16講》的第0講改寫而來。[1]
2　摩爾定律是摩爾（Gordon Moore，1929 年生）在 1965 年提出的觀察結論，原本是說積體電路的密度大約每兩年提高一倍，後來被詮釋為電腦大約每兩年就會容量大一倍、速度快一倍。因為它後來成為 Intel 公司的績效指標，帶動整個半導體產業朝這個目標邁進，所以說摩爾定律「預測準確」的觀點值得商榷，因為它不是客觀的預測，而是主動地促使產業按照這個步調發展。

完備人文的素養。[3]

語言內建基本的計算

電子計算機的發明，並非 1940 年代靈光一閃的成果，而是自古以來挑戰計算問題一脈相承的成就。今天我們所知的進步加速狀況，其實從很久以前就起步了。數量觀念伴隨語言而生，那些用來計量的正整數，以及基本的加減觀念——沿著正整數向上數、向下數的操作，還有相對的詞語——例如總共、剩下、不足，乃至於疑問詞和比較詞，應該也都在原始的語言裡。沒人知道語言是怎麼發生的，這就是第 1 篇引述西方人說「上帝創造自然數」的意思。

所有智人（homo sapiens）部落都有語言，只有少許民族自發性地創造了文字。第 4 篇說過數字與文字一起誕生，但是在漢族的傳說裡，數字似乎還比文字稍早一點。相傳伏羲氏創造八卦和數字，[4] 也許創造了漢字的粗胚，而黃帝時代才由倉頡系統性地造字。

遠古的數可能還沒有完全抽象化，數值觀念帶著所指的物件，例如兩頭牛和兩斗麥的數值「二」可能略有不同。直到先祖們發現「二和三得五」是個普遍的事實，不論用來計算牛隻還是

3　筆者個人並不認同「電腦」這個名詞，但是社會大眾習用已久，所以也跟著使用。在本文中，計算機與電腦是同義詞。
4　例如劉徽的〈九章算術注序〉開頭便說：「昔在包犧氏始畫八卦，以通神明之德，以類萬物之情，作九九之術以合六爻之變」。包犧即伏犧，而九九之術應該是正整數的乘法運算。

小麥都一樣（只要單位相同），才逐漸接受了數字與算術的普遍性，放心地將它們與所指的物件（單位）抽離，只做單純的數與計算，不再擔心所指的物件。前述「抽離」就是數學「抽象性」的表現，人們將「五」從五個人、五頭牛、五斗麥子當中抽離出來，就已經開始數學的抽象性思維了。從此，各族文字之中的數字，不再附隨單位，而成為獨立的符號系統。

人們常說，文字是創造文明的關鍵。簡單的計算未必需要文字，但是沒有文字就沒有一套記數的符號系統，於是很難進行大數的計算，也就難以處理複雜的問題。至少就科技文明而言，計算可能比書寫更為關鍵。觀察沒有數與計算的族群部落，都無法精確地測量與管理，也無緣創造出探究科學與技術所需的基本數學工具。沒有數字計算，甚至於沒有文字紀錄的民族，仍然可以有詩歌、宗教、政治等文化行為，但是不容易產生科技文明。

數詞與數字系統

自然數有無窮多，數值想要多大都行，可是一旦想用語言來指稱較大的自然數，就會發現為每個數保留一個專門字詞是不切實際的，最好能夠用少數字詞搭配一組規則，建立數詞的系統。我們的祖先從十開始領悟這個道理，因此華語基本上只有從一到九這九個數目字，再搭配十百千萬億兆這些位詞，就可以指稱很大的自然數。這種語言上的便利性，可不是理所當然的。例如英語就是從十二才領悟上述道理。以英語為母語的兒童說 eleven 和 twelve 時，心裡並沒有兩位數的概念，它們各是「一個數」，

這是以漢語為母語的我們很難想像的認知狀態。英語的母語人士把 eleven 轉換成十和一、twelve 轉換成十和二，是需要特別學習的。就算英語從十三到十九似有規則，但仍然是獨立字而不是複合詞，只是那些字跟三到九有比較明顯的對應而已，大位數的十以字根 teen 是指在三到九的後面，而不是前面。英語要從二十起，才真正領悟出一套簡單的規則，從大的位數依序到小的位數。英語的數詞還算簡單的，探究法語、比利時語、丹麥語的數詞，對我們來說簡直匪夷所思。[5]

所謂「簡單規則」就是我們認為理所當然的「十進位值記數系統」，簡稱十進制。漢語的數詞內建十進制，而中文也以對應的文字來書寫數字。當十進制的印度－阿拉伯數字系統傳進中國時，很快就被接受了，因為它完全吻合我們母語的數詞系統。[6]位值記數系統並不一定要以十為單位，任何大於一的自然數 K 都可以當作單位，只要滿 K 則進位即可。計算機科學的入門學生，都要學習 $K = 2$、8、16 的位值記數系統，本文不談。

古代的希臘和羅馬文明，都沒有創造出位值記數系統。羅馬

5　以丹麥語為例，它有第一半、第二半、…、第五半的概念，依序為 1/2、1 又 1/2、…、4 又 1/2，八十要說「四個廿」，而五十是「第三半個廿」，九十是「第五半個廿」；廿雖是二十，但在丹麥語中是「一個數」的概念。

6　日語和韓語的數詞雖然也是十進制的，但它們不是一字一音，所以在效率上仍然略遜於漢語。韓語的數字有兩種語音，一種是傳統的古音，並非一字一音，另一種是漢化的讀音，就是一字一音了。據說韓國人平常講話用古音說數詞，到了需要認真計算時改說漢音。漢語的十進制與一字一音，使得我們的母語和印度－阿拉伯數字系統完美對應，大大提高了處理數字的效率。因為我國兒童在計算上的表現優於西方人，常使我們以為中國人的數學天分比較高，這真是個不幸的誤會。在計算的效率上，我們確實贏在起跑點，但並不是因為個人天分，而是因為我們集體繼承的文化：漢語。

數字是拉丁文的數字系統，可是羅馬數字並不對應拉丁語言中的數詞。拉丁語的數詞其實比英語、法語更具規律性，例如它的十一、十二分別是「一和十」、「二和十」而非獨立的詞，比較特殊的是十八、十九分別是「二扣二十」、「一扣二十」。可是羅馬數字卻幾乎是十進制與五進制的混搭。羅馬數字以 I 表示一，V 表示五，X 表示十，L 表示五十，C 表示一百。其中 I 和 X 最多重複三次，更大的數搭配 V 和 L 來加減。一二三是 I、II、III，十、二十、三十是 X、XX、XXX；四五六是 IV、V、VI，四十、五十、六十則是 XL、L、LX；九和九十九分別是 IX、XCIX。某品牌的皮包上寫滿了 LV，如果把它解釋為羅馬數字，再改寫成印度－阿拉伯數字，就會變成寫滿了 55 55 55...。

計算工具

　　數字可以把大數記錄下來，協助處理比較多或比較大的數。可是因為古代並沒有方便的書寫工具，所以先民並不直接使用數字系統來計算，而是另創計算工具。這批早期的工具就是人類挑戰計算問題的開端。各地發明的計算工具，自然而然地反應其母語中的數詞或數字結構，所以中國的計算工具也有很高的效率。古人慣用像短筷子般的算籌，鋪在地上代表數值，[7] 操作算籌的計算方法稱為籌算，現在已經作古了。[8] 臺灣的傳統商號以及城

7　關於算籌，可參閱網頁 bcc16.ncu.edu.tw/pool/1.04.shtml。

8　明朝末年，西方傳教士引進類似計算尺的工具，也稱為「籌算」。明代社會早就不用唐、宋之前的籌，而普遍使用算盤。所以在明、清文獻裡所寫的籌算，基本是指

陰廟裡，仍常見到上二下五的算盤，而日本慣用上一下四的算盤，又稱為四珠算盤；日本的小學生至今仍有珠算課。

　　計算方法和計算工具是唇齒相依的。採用某種工具做計算，當然必須創造方便那種工具的計算方法。算籌和算盤的操作技術顯然不同，但因為都是十進制，所以在原理上等價於在紙上寫印度－阿拉伯數字的直式計算（稱為筆算）。印度－阿拉伯數字系統雖然很簡便，例如中文的二千零四十八就是 2048，可是它真正的價值在於方便筆算。在紙筆成為方便的工具以前，筆算並不實用，各族文明還是習慣使用自己的工具做計算，並以自己的文字記錄數字。

羅馬算盤

羅馬算盤搭配羅馬數字的思維，是十進制與五進制混搭的工具。特別的是右側的三條溝，用來計算以 12 為分母的分數，這也反應出西方文明用 12 作為分割單位的習慣。放在溝裡的珠子稱為 calculi，原意為（複數）小石子，這個字成為英文計算 calculate 的字源，其單數形 calculus 更成為一種專門計算方法的名稱：微積分。東方算盤也發覺了五進制的方便性，例如日本的四珠算盤，就是十進制搭配五進制的記數系統：串著珠子的每根竿子代表一個位值，而每根竿子又實行五進制，下方

西方傳來的新工具。

滿五之後，就進為上方的一顆珠子。觀察算盤上面其實僅為物質的擺設，我們根據一套標準（protocol）將它解讀為數值，再轉譯成數詞或數字。如今我們看不到計算機的內部，但可以想像它也是像珠子般的物質，可以用電來操作，並且可以自動轉譯為數字印給我們看。

算盤可謂第一代計算工具，但是不宜把它捧高到第一代的計算機。原因倒不是算盤的動力為人力，而計算機的動力是電；動力並非本質，主要的問題是定義。現代意義上的計算機，必須內建計算的程序，也就是「演算法」，操作者最多僅需負責輸入數值、提供動力、解讀輸出即可。但是算盤只能記得被計算的數：資料（data），不記得計算的步驟：程式（program），操作算盤的演算法在人的腦裡，不在算盤上，所以算盤只能說是計算工具，談不上計算機。

圓周率

古人用算籌或算盤可以解決什麼程度的問題呢？我們用圓周率當作指標。世界上各古老文明都發現圓周長是圓直徑的固定倍數，稱為圓周率，記作 π。古文明也都發現了圓面積等於半周長與半徑所圍的長方形面積，因此面積對半徑的倍數也就是 π。[9]因此，不論以周長還是以面積為進路，都可以用來計算 π。第 4

9　其實這個說法並不準確。有些古文明把長度的數量和面積的數量當作兩回事，就好像橘子跟檸檬似的，不會互相比較。但是中國人似乎沒有這個困擾，我們自古就把長、重、面積、體積的度量都當成數來操作。

篇說過劉徽以「割圓術」估計圓周率，其實希臘人阿基米德比他早五百年就用了同樣想法做估計；其他古文明的想法應該都差不多。在十七世紀以前，應該只有「割圓術」這一種進路而已。下圖是各年代圓周率估計值之「世界紀錄」位數成長圖，這條成長曲線具體呈現了本文的主旨：人類挑戰計算問題的成就，從遠古就開始了指數成長的趨勢。注意圖的橫軸並非等間距。

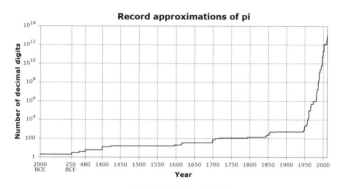

圓周率數值位數成長趨勢圖

　　割圓術的原理如下。在圓內做一內接正六邊形，如下頁圖之左一。六邊形的周長或面積都可以用來估計圓周率，我們選擇用其周長。因為每一邊跟圓心連結為正三角形，所以邊長即半徑。假設半徑是 1 單位，則六邊形的周長為 6，它是直徑的 3 倍，相當於估計 $\pi \approx 3$，此為中國古書所謂「周三徑一」的初步估計。由圖可見正六邊形的周長跟圓周長還差蠻多的，可是阿基米德和劉徽等人都想到，可以把六邊形的每邊「割」成兩邊，做成圓的

內接正十二邊形。[10] 對照下圖之左一與左二，可觀察作法是在正
六邊形上任選一邊，從圓心做其中垂射線交圓於一點，則六邊形
的六個舊頂點和這些新交點，就是新的正十二邊形的頂點。為什
麼這麼麻煩，不直接做正十二邊形就好呢？因為從這裡可以用三
角形的性質而推論迭代關係：

$$內接正十二邊形的周長 = 12 \times \sqrt{2\left(1 - \sqrt{1 - \left(\dfrac{內接正六邊形的周長}{12}\right)^2}\right)}$$

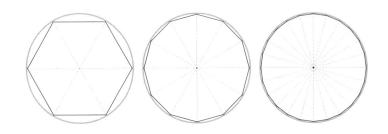

因為內接正六邊形的周長是 3 單位，所以上式的右側是可算的。
此計算涉及古文明的最高等的計算步驟：估計平方根。古人用
分數估計平方根，例如巴比倫人知道 $\sqrt{2}$ 約為 1 又 24 分 51 秒，
亦即 $\sqrt{2} \approx 1 + 24/60 + 51/3600$，不然就以放大數量的手段求得小
數部分，例如中國人會說二萬萬開方約為一四一四二，亦即
$\sqrt{2,0000,0000} \approx 1,4142$，相當於 $\sqrt{2} \approx 1.4142$。

---

10 洪萬生教授為本書寫序之後，順便指出：「歐幾里得與阿基米德以圓內接正多邊形
　　逼近圓周的進路，一開始的起點都是內接正方形，而非劉徽所使用的正六邊形」。

按照以上的迭代想法，圓的內接正十二邊形可以進一步割為二十四邊形，依此類推。劉徽說：「割之彌細，所失彌少，割之又割，以至於不可割」。如上頁圖 [2] 。雖然有迭代關係，可是因為計算平方根的困難，古人其實割不了太多回。阿基米德可能割到 100 邊左右，而且因為他同時做了圓的內接和外切正多邊形，所以知道 3 又 1/7 是上界，而 223/71 是下界，亦即 3.1409 < π < 3.1428。五百年後劉徽再多割一些，到 200 邊左右，設半徑為一百萬單位，估計圓周率為 314 萬 1866。再兩百年，南朝人祖沖之割到一萬多邊，且以九位數計算，得出半徑為一千萬單位時，圓周率在 31415926 和 31415927 之間。祖沖之提出兩個易於實用的估計值：圓周疏率 7 分之 22 和圓周密率 113 分之 355；注意祖氏疏率就是七百年前阿基米德的估計值。若有一個直徑 10 公里的圓，以密率計算的圓周長只比真正周長多了 3 公釐而已。參閱前面的「世界紀錄」圖，祖沖之的準確度保持了一千年的世界紀錄。劉徽和祖沖之都用籌算。

　　西方的伊斯蘭與基督教文明，在祖沖之千年之後擁有效率更高一點兒的計算工具：算盤的品質較高，會做計算的人比較多（所以比較容易聘僱助手），大篇幅的筆算也逐漸可行了，可是計算圓周率的方法基本維持在割圓術的原理上。用這一代的計算方法和工具，走得最遠的是一位從德國移民荷蘭的魯道夫（Ludolph van Ceulen, 1540-1610），他用了「大半輩子」算出 36 位正確的圓周率數值，並把這份豐功偉業刻在自己的墓碑上。用同樣的工具與方法，魯道夫的成就確實難以超越。工具和方法就像人的左右兩腳，抬腳再怎麼向前也跨不了太遠，跨一步之

後，另一腳就要跟上來，兩腳交互超越對方，人才能向前走。然而人很少漫無目的地走，需求才是向前走的真正推動力。

自動機械計算機

從十五世紀末開始，歐洲人的海上探險大有斬獲，而在十六世紀進入大航海時代。航海若要有經濟價值，總不能一直處在「冒險」狀態。以可靠而安全的航海為目的，帶動了科技發展，以牟利為初衷的航海，也帶動了大規模的經濟活動。科技與經濟，包括天文測算與財務金融，都促成大量而精密計算的需求，而且對於計算的速度也有了新的要求。進入十七世紀，齒輪連桿等機械已經普遍，例如桅桿和船帆的控制元件包含滑輪與連桿、利瑪竇送給萬曆皇帝的自鳴鐘有複雜的齒輪，使得計算工具先跨了一步。

法國人巴斯卡（Blaise Pascal, 1623-1662）十九歲時，利用機械元件設計了一部機器 [11]，史稱巴斯卡加法器（Pascal Adder 或 Pascaline）。只要扭轉撥盤輸入數（正整數），裡面的齒輪就會做加法或減法，將答案顯示在數字轉盤上。如今的計算機史，皆以這部機械型計算機當作自動化計算工具的開始！[3] 雖然巴斯卡在數學上頗有建樹，可是這部計算機看來並沒有數學上的考量，單純就是給他的富爸爸當作算錢的工具。就跟數學最初的起

---

11 這位巴斯卡，在法國的文學和數學上都有相當的名氣，我們在第6篇曾引述他的名言。高中數學裡的巴斯卡三角形，就是此君的創作。

源一樣，最早的自動計算機也是為了算帳。

　　巴斯卡加法器不同於算盤的是，它能夠將資料和程式都放在機器裡面。使用者不需要計算的知識，只要學會輸入數字（同時提供動力）、讀取輸出即可。此種計算機的程式是固定在機器裡面的，它只能做固定的工作（固定位數的加減）。換句話說，它是固定程序（non-programmable）的計算機。即使如此，它為自動化計算機的啟蒙，提供了重要的啟發。

　　讀者或許認為單純的加減不敷科學與工程的需求。其實還是很管用的，因為當時已有指數與對數的概念。考慮像以下

$$s = \sqrt{\dfrac{1.23}{1 + \sqrt[4]{1 + 4.56^2}}}$$

這樣複雜的計算，若利用指數 10^x 與常用對數 $\log x$，就可以簡化成四則運算：

　　令 $r = 2\log 4.56$，計算 $u = \dfrac{1}{4}\log(1 + 10^r)$ ，
　　再算 $v = \dfrac{1}{2}(\log 1.23 - \log(1 + 10^u))$ ，則 $s = 10^v$。

指對數可以換次方為乘除，再化乘除為加減，很美好，不是嗎？所以，搭配指對數表，從天文測量、工程設計、金融利率發生的複雜計算，全都可以換成加減計算。可見巴斯卡加法器不是我們最初想像的弱，但是它自己並不強，而是操作者的數學知識使它變強（要熟練對數律）。

　　至於 10^x 和 $\log x$ 要怎麼算呢？這就交給數學家吧。只要他們

很艱苦地做一遍計算，把結果印在一本書裡，其他人就只要查表就好了。十七世紀的計算仰賴於兩大數值表：對數表和三角表。測量需要三角比，所有三角比都可以由正弦導出，所以重點是銳角的正弦。托勒密在西元 150 年計算的「弦表」相當於提供了每隔 1/4 度的正弦，這是古代計算的另一項重大成就。但是 1/4 度的差異，將在 100 公里外造成幾乎 8 公里的差距，顯然遠航的船長們需要更精細的正弦。計算正弦不只是計算而已，它需要靈活運用差角與和角公式，還要會解二次方程，有時還需要解三次方程，所以它需要專業數學家來做。

數學家並不容易養成，對於解析度更高、更精確的數值表的需求與日俱增，[12] 此外又有其他新計算需求快速地發生。這些計算問題所需的數學知識，沒有簡單的公式可以教給中級技術人員；在此情況下，機械型計算機便顯得無足輕重，幫不上什麼忙。所以，除非計算方法能夠跟進一步，否則計算工具的單獨進步，對於整個文明的推進貢獻有限。而踏出這一步的計算方法，就是微積分了。

微積分

加法器不能用來計算正弦和對數表。問題的癥結倒不是機器

---

12 所謂「解析度」是指每隔多少做一個數值，例如托勒密弦表的解析度是 1/4 度。所謂「精確度」是指數值的準確程度，例如托勒密令直徑為 120 單位，他計算的弦值準確到「秒」，也就是 3600 分之一；若轉換成半徑為 1 的弦表，則其精確度為 60^3 分之一，大約 0.000005。

不夠複雜，而是根本沒有一套可以讓機器自動執行的算法。托勒密的算法需要平面幾何和三角函數的知識，非常人能懂[13]。而且，他已經將這些知識發揮到極致，若非發現新的方法，很難超越托勒密的成就。

第十七世紀，連續幾個具有超凡智慧的心靈降臨西歐。這些人不但開創了自動計算機，也在數學上首度超越了古希臘的成就。其中一支數學，接續了阿基米德的工作，創造出一套超高效率的計算方法，驚人地化簡了許多複雜或大量的計算問題，今天統稱為微積分（calculus）。

利用微積分，我們發現許多圓周率的算法，例如以下算法顯然比割圓術簡單多了：

$$\pi = 4 \times \left(1 - \frac{1}{3} + \frac{1}{5} - \frac{1}{7} + \frac{1}{9} - \cdots \right)$$

而若 $0 \le \theta \le 90$ 是個銳角，令 $x = \theta\pi/180x$，則

$$\sin x = x - \frac{x^3}{3!} + \frac{x^5}{5!} - \frac{x^7}{7!} + \frac{x^9}{9!} - \cdots$$

其中 $n! = 1 \times 2 \times 3 \times \cdots \times n$。至於對數，則對於 $1 \le x \le 2$ 可計算

$$\ln x = s - \frac{s^2}{2} + \frac{s^3}{3} - \frac{s^4}{4} + \frac{s^5}{5} - \cdots \text{，其中 } s = x - 1$$

13　托勒密計算弦表的方法，可參閱 https://bcc16.ncu.edu.tw/pool/1.06.shtml。

然後利用換底公式，lnx/ln10 就是 logx。[14] 讀者並不需要「懂」以上公式，只要定睛一看，必能察覺公式裡的規律性。正是這些規律性呈現了它們的社會價值：一位中級技術人員便可以按照這些規則做計算，不再需要專業的數學知識了。這並不是說數學不再重要，而是社會的分工變得更有效率；很多以前幫不上忙的人，現在都能有所貢獻了。

上面三條公式看起來需要計算無窮多項，實則不然。就如劉徽所說，它們的意思是「算之彌多，所失彌少」。只要計算前面幾項，就會獲得若干位準確數字的結果。如果滿意了就不必再算下去，否則就繼續算，算得越多越準確，直到滿意為止。例如用上述公式計算 sin90°，我們知道正確答案是 1。計算前三項得 1.00452485，計算前五項就得 1.00000354，算得越多就越接近理論上的答案 1。無窮多項的意思是「只要你想做牛，別擔心沒犁可拖」，你可以一直算下去，直到滿意為止。

一旦出現這類規則簡單的無窮多項公式，圓周率的精確位數立刻進入新的量級，從以前在幾位到三十幾位的苦苦掙扎，一躍而超過了百位。前面所列的第一條公式雖然可以算出越來越多位的 π，可還是太慢了。經由它的啟發，十八世紀初誕生了梅欽公式（Machin formula），梅欽（John Machin, 1680-1751）利用它締造了第一次超過百位的世界紀錄。

---

14 難道只能計算 $1 \leq x \leq 2$ 範圍內的對數嗎？當然不是，對任一正數 A 都可以用以上公式算出 $\log A$，方法如下。先寫成科學記號數字 $A = a \times 10^n$，所以 $\log A = n + \log a$，其中 $1 \leq a \leq 10$。若 $1 \leq a < 2$ 則令 $x = a$；否則若 $2 \leq a < 4$ 則令 $x = a / 2$，用以上公式計算 $\ln x$，而 $\ln a = \ln x + \ln 2$；若 $4 \leq a < 8$ 或 $8 \leq a < 10$ 則請讀者自己推論。

計算方法的大躍進，使得西歐許多學者意識到，像巴斯卡加法器那樣的自動計算機，具有非凡的潛力，值得研究改進。用微積分導出的新形式計算公式，提供一個改進的大方向：讓它自動依循某種固定的程序，重複執行基本的運算步驟。微積分的共同開創者之一，萊布尼茲，也投入了機械型計算機的研發工作。他在 1670 年代設計了一部稱為步算器（step reckoner）的計算機，想要以自動進位（乘以 10）和重複加法的機械設計完成乘法計算，反向操作也能做除法，得到整數的商。當他在 1673 年訪問倫敦時，在英國皇家學會展示了一部原型機，雖然它的自動進位裝置還「有一點點」問題，但是萊布尼茲仍然獲選為皇家學會的會員。

可變程式的機械計算機

在巴斯卡和萊布尼茲之間，至少還有一位英國人設計了機械型計算機。十七世紀晚期之後，各種設計不絕如縷，而且計算機的設計被視為嚴肅的學術工作，顯示西方人對計算機的熱衷。計算機械在十八世紀已經有了小規模的市場，它們的製造和維修，可能是鐘錶師傅的副業。這一代的計算機全都是固定程序的，直到十九世紀，才由巴比吉（Charlies Babbage, 1791-1871）開創了下一個時代。

巴比吉二十二歲從英國劍橋獲得數學博士學位，當時被認為是位很具潛力的年輕數學家，可是自從他的興趣轉變到計算機設計，就投入了一生的心力。巴比吉大約經歷三年的工作，

在 1822 年向皇家天文學會宣布他的新發明：差分機（difference engine），並展示小型的概念機。這部機器非常複雜，但仍然只能執行固定程序：給定若干數對，根據它們計算牛頓形式插值多項式的係數，並做多項式函數的列表，例如每隔 0.000001 算出一個函數值（固定位數的估計值）。科學和工程中所需的函數，幾乎都可以用插值多項式來逼近。而且，多項式的函數值雖然不難算，但是如果能製成表格，像對數表和正餘弦表那樣，當然更加理想。一個例子是砲管的彈道表，每支砲管都有些許差異，少數幾次試射可以決定它的參數，但是砲兵不可能當場做計算求得落點，所以每支砲管都要預先算好它的彈道表，釘在砲管上，然後才能上戰場。差分機（理想上）能根據試射的資料而自動產生彈道表。

因為英國政府急需差分機，所以他獲得皇家的經費支援，製造可供實用的大型差分機。可是當年的機械元件都用金屬，而且製作技術尚難縮小元件，使得放大之後的差分機被自己的體重壓得動彈不得，巴比吉必須從根本處修改設計才行。十年過去了，可付實用的差分機還沒做出來，卻因為一項新的啟發，讓巴比吉忍心完全拋棄差分機，另起爐灶設計新一代的計算機：分析機（analytical engine）。在初期，他可能暗地裡使用差分機的計畫經費來研究分析機。

分析機的偉大理想就是可變程式（programmable）：一台理想的計算機，應該能夠依指令改變其執行程序。這一項偉大的領悟，是跨領域創造的絕佳典故。巴比吉是因為受到一款織布機的啟發，產生了可變程式計算機的概念。

法國人甲卡（Joseph Marie Jacquard, 1752-1834）在1805年從拿破崙那裡獲得一部提花織機的專利權，簡稱甲卡織機（Jacquard loom）。這台織布機利用打孔的金屬卡片，在每一次緯紗要穿越經紗時，決定哪些經紗要揚起，而哪一種緯紗要穿越，藉以決定這一匹布的花紋。以前，布上的花紋不是得用繡的，就是得以人工一絲一縷地編織起來。我們可以想像這款織布機對於里昂成衣業和巴黎時尚界的重大影響。[15] 有一幅是甲卡向拿破崙說明提花織機運作原理的紀錄圖畫[16]，圖中戴著帽子跟別人一樣高的那一位，想必就是拿破崙；織布機上方一片片接在一起的長方形板子，就是決定花紋的打孔卡片。有紀錄顯示，在1812年拿破崙戰敗於俄羅斯之前，甲卡賣了一萬一千台他的提花織機。

　　可變程式的目標，引導巴比吉將分析機拆成三大塊設計：一塊倉儲（store）儲存參數及輸入的數值，一塊工廠（mill）負責運算，包括加減乘除和比大小，以及一套傳輸機制（drive），使得數值能從倉儲送到工廠（但保留倉儲中的原值），也能從工廠送進倉儲（取代原值）。被計算的數值資料儲存在機器裡，但執行計算的程式放在機器外（打孔的卡片上）。ALU單純地執行基本動作，程式決定那些基本動作的執行順序，也決定每次執行時從哪一個或兩個記憶體取得數值，算完之後存進哪個記憶體。

　　巴比吉在1840年之前就完成了分析機的設計藍圖，可是當年的製造技術就連差分機都做不出來，更何況分析機呢？雖然巴

15　可以想見，里昂的紡織工人並不歡迎甲卡織機，因為它威脅了工人的權益。這項發明終於導致1830年代著名的里昂織工抗議運動，可謂世界史上第一次大罷工。

16　圖畫請看網頁 http://shann.idv.tw/mcc/7-05。

比吉長期受到英國皇家學會的資助，但他終其一生未能建造一部
完整的計算機，留下設計圖 300 多張、筆記 6000 多頁，和許多
半成品。[17] 巴比吉設計分析機的理念卻流傳至今，倉儲就是記憶
體（memory），工廠就是算術邏輯單元（arithmetic logic unit，
簡稱 ALU），傳輸機制就是匯流排（bus）。

　　分析機從未誕生，所以當然也沒有執行過任何程式。可是「
程式設計」的概念卻跟著它開始了。巴比吉在他的數學社交圈裡
結識了著名的才女，艾達（Augusta Ada Byron, 1815-1852，後來
嫁給 Lovelace 伯爵，成為伯爵夫人，因此又名 Ada Lovelace）。
艾達是英國詩人拜倫的女兒，但是在她滿月的時候父母就離異

了，她再也沒見過那位詩人父
親，倒是死後跟她的父親並排而
葬；兩人恰好都得年三十六歲。
艾達天生有才氣，可是她媽媽擔
心她像爸爸那樣瘋狂，安排她多
跟數理才士來往，因此認識了巴
比吉。當她參觀巴比吉的工作室
時，雖然看到的是滿地零件，屋
子中央座落一台怪物般的半成
品，卻說她看到一個「偉大而美
麗的發明」，並且非常適切地形

艾達畫像

17　在1849年，巴比吉把他在分析機上獲得的新技術，應用在差分機上，設計出較輕
　　較小的第二代差分機。後來在二十世紀末，有人模擬當時的工業技術做出第二代差
　　分機，證實當年是可以製造那部機器的。

容分析機「就像甲卡機編織紅花綠葉似地編織代數的樣式」。

艾達參加了巴比吉的部分工作，巴比吉建議她想像分析機做成之後，該如何設計它的「程式」？憑著想像與思考，巴比吉和艾達在 1840 年代還沒有真實硬體的時候，就已經意識到「程式設計的核心在於重複」。他們明確地寫了：

> 自動計算機的真正重要之處，在於它可以重複執行一套給定的程序。其重複次數可以在計算前確定，也可以依計算結果而臨時決定。[18]

如今寫過程式的人都看得出來，第一種重複是 for 迴圈，第二種是 while 迴圈。

科學計算

英國當時願意斥資建造差分機，是因為看得出它的實用性：製造函數表格。相對地，當時不願意建造分析機，也不急著解決它的製造困難，可能是因為需求性還沒發生。專門滿足某種需求的固定程式計算機，已經足夠當時社會的需要，當然就沒有動機為一個新發明承擔巨大的財務風險。必須仰賴一般用途計算機來執行的計算，在 1840 年代才剛萌芽，那就是所謂的科學計算

18　原文是：The real importance of an automatic computer lies in the possibility of using a given sequence of instructions repeatedly, the number of times being either preassigned or dependent upon the results of the computation.

（scientific computing）：為探究科學問題而對其數學模型所做的計算。

就在巴比吉和艾達想像分析機之程式設計時，歐洲發生的大事之一是發現了海王星，而它是先被算出來然後才被觀測到的一顆行星。事情的起因是一位法國學者根據牛頓力學計算出木星、土星、天王星的軌跡表，前兩者完全準確地預測了後續的觀察，但是天王星的觀測軌跡卻不肯按照計算的路徑走。某種立場的人聽了很高興，認為凡人終究不能揣度上帝的意旨；但另一種立場的人則推論天王星受到另一顆行星的重力干擾。在英國和法國，各有一人按照牛頓力學的數學模型去計算未知行星的軌道。當柏林天文台在 1846 年 9 月 23 日晚間按照數學推算的位置找到那顆「未知行星」時，它跟法國人勒維耶（Urbain le Verrier, 1811-1877）的計算位置僅差 1 度，跟英國人亞當斯（John C. Adams, 1819-1892）的計算差 12 度。這是科學計算初登場的一記漂亮打擊。

勒維耶和亞當斯並沒有「先進」計算機可用，他們很可能雇用了 comput-*er*：計算「者」擔任研究助理。十九世紀教育較為普及，有比較多能做計算的人，大學和研究機構裡雇用計算助理的情況可能還蠻普遍的。就連像高斯這麼會算的人都雇了計算助理，可見計算在科學和數學的研究上有多麼重要及繁瑣。二次世界大戰期間，開始出現女性計算者；電影《關鍵少數》裡的女主角，在 NASA 的職位即為計算員。但英文並未出現女計算者 comput-*ress*，而是稱為「穿裙子的計算員」（computers who wear skirts）。

科學計算所需的特殊數學分支數值方法（numerical me-thods），也在那時候萌芽。前面那位亞當斯，在 1880 年代與他在劍橋的同事巴什福思（Francis Bashforth）研究水滴與毛細作用時，發展出一種如今還在使用的數值方法，稱為 Adams-Bashforth 算法 [4]。以科學計算解決科學問題的需求日益提高，帶動數值方法的發展，而數值方法亟需一般用途計算機（以及它們的程式）來實現。[19] 圓周率的計算並非科學計算，其實也看不出實用性，純粹是個人的好奇及興趣。十九世紀的機械型計算機繼續使用類似梅欽的公式來算 π，正確位數無法突破「百」量級。一位英國狂人花了二十年的光陰算到第 707 位小數。

　　進入二十世紀，利用電話交換機裡的繼電器（relay）代替齒輪，用電作為動力，突破了機械型計算機的製造瓶頸，出現了電機型計算機。德國、英國、美國都有設計與製造機械計算機的歷史，一旦時機成熟也都能延伸為電機計算機；第二次世界大戰開打之後，時機不只是成熟，對於計算機有著急迫的需求。因為二戰的規模超越以往所有的戰爭，自古以來就需要計算的後勤工作，包括彈道表、軍需補給、密碼破譯等等，全都複雜且急迫到需要計算工具。因此，電機型計算機在二戰期間的德、英、美皆有快速的發展。例如在哈佛大學服役的 IBM[20] 序列控制自動計算

19　本文所謂的「一般用途計算機」其實有學術上的定義，稱為「圖靈完備的」計算機（Turing complete）。因為電影《模仿遊戲》或科普故事《碼書》的暢銷，圖靈（Alan Turing, 1912-1954）可謂家喻戶曉的。分析機（假如做出來的話）是圖靈完備的。

20　IBM 公司正式命名於 1924 年，但它的前身是在 1911 年購併四家公司而成的。其中一家前身公司的專業就是利用甲卡織布機的卡片來做統計計算，而另一家的專業是自動做（機械）計算的磅秤。合併之後，有人將這些技術整併起來，在 1922 年實

機（IBM ASCC，又稱哈佛）──它曾經在研究原子彈的早期執行過核分裂的模擬計算，以及電影《模仿遊戲》裡專門用來破譯德國 Enigma 密碼的 Bombe，都是電機型計算機，但前者是可變程式的，後者是固定程序的。

儘管計算工具已經進入電機時代，但只有極少數的「高層」得以使用，手工操作的機械型計算機才是民間的主流。例如皮爾森（Karl Pearson）以及費雪（Ronald Fisher）早年的統計計算，都是用桌上型機械計算機完成的。只要計算方法進步了，初階的機器也能從麻雀變鳳凰。例如印度天才拉馬努江[21]（Srinivasa Ramanujan）提出全新形式的算 π 方法，效率超高，一名美國青年採用拉馬努江算法，僅用桌上型機械計算機就超越了前述英國狂人的二十年功力：他發現前者的 707 位小數之中，從第 528 位起都錯了。不過，從大時代著眼，計算工具確實朝著電子型發展了。

可儲存程式的電子計算機

哈佛 Mark I 每 6 秒完成一次乘法計算，這是 1943 年最快的一般用途計算機，它造就了第一批計算機工程師和程式設計師[22]。當時，美國的計算機發展並不特別突出，英國和德國都有

踐了巴比吉差分機的功能。

21　電影《天才無限家》是拉馬努江的傳記。可是拉馬努江的數學太抽象了，很難用影像表達，只能看個氣氛。

22　包括一名女性 Grace Hopper，她以計算員的身分從軍，最後的軍階是海軍准將。[5]

自己的發明。例如德國一位青年祖斯（Konrad Zuse, 1910-1995）在自己家裡製造電機計算機，1941 年完成的 Z3 屬一般用途電機計算機，已經具有商業價值。他在 1943 年提出用真空管製造電子計算機的想法，並希望政府補助研發經費，「不幸」納粹政權並沒有同意，否則世界第一部電子計算機將要誕生於德國了。

　　1943 年 4 月，美國賓大向炮兵指揮部的彈道實驗室提出一項十五萬美元的計畫：以真空管製造電子計算機 ENIAC（Electronic Numerical Integrator and Computer，電子數值積分與計算機）[23]，只花了七天就獲准。當時熱衷於電機計算機的人佔大多數，他們認為電子計算機在技術上不可行。例如真空管的品質不穩，何況 ENIAC 有兩萬支管子，供電、散熱、偵錯和維修都很困難。使得 ENIAC 夢想成真的主要功臣是兩位電機工程師 John W. Mauchly（1907-1980）和 John P. Eckert（1919-1995），他們以原創的工程思維克服了一個又一個前所未見的技術障礙。[24] 克服這些困難之後，ENIAC 可以每秒完成 333 次以上的乘法計算，它用梅欽公式一舉將 π 算到 2,037 位。

　　當 ENIAC 還在 1943 年的計畫階段時，英國的電子計算機「巨像」（Colossus）已經接近完工了。巨像跟炸彈一樣是專門

23　ENIAC 讀音接近恩尼亞克。後面提到的 EDSAC 和 EDVAC 分別讀作 ed-sock 和 ed-vock。IAS 讀其字母。

24　就算真空管的品質極高，每小時每支管子燒壞的機率是兩萬分之一（這就是當今 LED 燈泡的品質），兩萬支真空管同時運作，使得每小時期望有一支管子會壞掉，這就是亟需解決的工程問題之一。ENIAC 的最長連續運作紀錄是 116 小時。為了很快確定壞掉的真空管，他們將每支真空管串聯一只小燈泡，再把所有小燈泡嵌在一片面板上，就可一目瞭然所有真空管的狀況。後來，在早期的科幻電影裡，那一片閃爍著小光點的大型面板就成了電腦的具體形象。

為了破譯德軍密碼而做的計算機，炸彈針對三軍日常通訊用的 Enigma 密碼，巨像則針對德軍最高指揮部（以希特勒為中心）的最高級 Lorenz 密碼。不像炸彈在戰爭期間分享給美國，而且在戰後很快解密，巨像則徹底保密到 1970 年代中期。因為英國將它列為機密，所以雖然事後知道巨像應該是世上第一部電子計算機，可是它對後續的電腦科技發展完全沒有產生影響；除了為英國贏得戰爭以外（當然這很重要），它也完全沒有進入文化的脈絡。而且，巨像並非一般用途計算機。

當 ENIAC 正式完工的時候，第一顆原子彈已經在廣島爆炸了，所以 ENIAC 並沒有真正參與戰爭。它在 1946 年正式從賓大移交給美國陸軍，一直服役到 1955 年。ENIAC 的貢獻在於它證實電子計算機是可行的，而它的速度潛能值得大家盡力克服其技術障礙。但是 ENIAC 畢竟還不是現代電腦，還有兩項基本的設計理念尚未到位。

因為齒輪可以有十個齒，而交換機也可以有十個位置，所以早先的機械和電機計算機，都是以機件模擬十進制數字的計算。ENIAC 雖然使用真空管，但還是沿用十進制數字的設計。另方面，ENIAC 沒有記憶功能。跟分析機相比，這方面算是退步了，機械或電機可以利用機件的位置儲存數值，可是 ENIAC 的設計並沒有想到如何讓電流記憶數值的辦法。因此 ENIAC 的計算參數和執行程序都不儲存在計算機裡面，它是靠著電纜線以不同方式連接計算元件，達到改變執行程序的目的，而所有參數都要設定好初值，當程式開始執行的時候就輸入進去。在下頁那枚郵票的畫面中，男人面對的是一台一台的計算元件，它們被密密麻

計算機，馬紹爾群島發行

麻的電纜線連接起來；他背後的設備就是輸入參數的面板，每一列代表一個參數，而每一個旋扭代表一位數值。每改變一次程式，就要將所有的電纜線拔掉重插；插好之後，整部計算機就是一條長長的電路，數值資料由一頭輸入，以電子形態一路流到另一頭，中間不會停留。

1944 年夏末，匈牙利籍的美國數學家馮諾以曼（John von Neumann, 1903-1957）和 ENIAC 計畫搭上了線。諾以曼是二十世紀最重要的數學家之一，可能也是歷史上心算速度最快的人之一。在他生前，可能沒有一部電腦算得比他更快，但即使如此（也許應該說「正因如此」），他卻給予計算機極高的評價，大力投入電子計算機的研發工作。在他瞭解 ENIAC 的設計之後，迅速提出兩點建議：

（1）改用二進制（binary）數字。

（2）允許儲存程式（stored program）；也就是將操作的指令和資料都儲存在電腦裡。

諾以曼指出，既然電子元件自然可分兩種狀態：有電、沒電，所以電子計算機應該要模擬二進制數字，才是最簡單的設計。其次，為了讓計算機能夠方便地切換不同的計算程序，程式應該和資料一樣，都儲存在計算機裡面。這個理想衍生了一個新的技術問題：如何讓電流停留？於是發展成今天的記憶體。

ENIAC 已經來不及修改，英國和美國在戰後爭相建造二進制的、儲存程式的電子計算機。英國製造的是 EDSAC（Electronic Delay Storage Automatic Computer，電子延遲儲存自動計算機），名稱中的「延遲儲存」就是讓電流慢下來，造成記憶效果的意思；美國製造的是 EDVAC（Electronic Discrete Variable Automatic Computer，電子離散變數自動計算機），它只用了六千支真空管，如此大幅的化簡，主要是二進制與「序列計算」電路設計的功勞。[25] 諾以曼本人也在美國的高等研究院（Institute of Advance Study，簡稱 IAS）設計、製造了一部符合他自己理想的電子計算機，稱為 IAS 電腦。

　　至此，現代的電腦就算是誕生了。在 1950 年之後，電腦硬體上的最重要進步就是以電晶體取代了真空管，然後開啟了如摩爾定律的縮小與提速歷程。軟體的進步對文化的意義更大，其中最關鍵的一步是高階程式語言的誕生，使得「文字」進入了電腦，而電腦「計算」的對象從數字擴及到文字。讀者們可能親身經歷了此後的發展。

結語

　　電子計算機當初只是一個快速而自動執行數字計算的工具，如今成為集「資訊儲存、處理與傳播」功能於一身的媒體

25　ENIAC 承襲機械計算機的設計，有許多平行計算的電路，馮諾以曼認為嚴格的序列計算，也就是電腦 ALU 在每一單位時間只做一個指令，將能達到更高的效率。

（media），這個現象重新詮釋了「計算」的意義，而電腦也就呈現了計算的不同面貌，從播放歌曲到互動遊戲，全是計算的結果。

今天我們所感受的加速進步狀況，其實從很久以前就開始了。長遠看來，語言和數字就是最基本的計算工具，而記數系統是最初步的計算方法。從文字之初到類似「籌」的原始計算工具，大約隔了三千年。籌與算盤相距一千年，算盤與巴斯卡加法器相距六百年。從固定程序的機械計算到可變程式的想法，相距二百年。再一百年有電子計算機並產生儲存程式的想法。從第一部電子計算機與網際網路和個人電腦的誕生，相距只有三十年。總括而言，電子計算機的發明，並非 1940 年代靈光一閃的成果，而是人類五千年來挑戰計算問題的累積成就；那些問題並非憑空而來，而是社會發展產生的實際需求，那些成就也非一蹴可幾，而是由知識的累積與普及（透過教育），人才的拔錄與支持（透過體制），以及材料與技術的精進，共同鎔鑄而成。體制與教育，將是以下兩篇所涉的主題。

現在這種越來越快、越來越小的趨勢，難道能持續下去嗎？應該不能。那麼，會到達一個奇異點而發生大爆炸之類的災難嗎？應該也不至於。我們的文化中已經有許多條技術發展的脈絡，可以當作參照。例如鐘錶，它曾經是高貴的皇家禮品，發展到了盡頭，就「消失」在每個人的日常生活裡了。

也許我們已經讀夠歷史了。下一篇的主題看似比較貼近當代的生活，讓我們看看數學對於民主制度的貢獻，以及數學思維方式對於民主的省思。

延伸閱讀或參考文獻

[1] 單維彰，《計算機概論16講》，遠流出版公司，2015。

[2] 洪萬生，〈三國 π 裏袖乾坤——劉徽的數學貢獻〉，《科學發展月刊》384，68-74，2004。

[3] Herman Goldstine. *The Computer from Pascal to von Neumann.* Princeton University Press, 1980.

[4] Francis Bashforth and John Couch Adams. *An attempt to test the theories of capillary action by comparing the theoretical and measured forms of drops of fluid, with an explanation of the method of integration employed in constructing the tables which give the theoretical forms of such drops.* Cambridge University Press, 1883.

[5] 單維彰，〈用髮夾debug的女人—— Grace Hopper傳記〉，《科學月刊》421，54-59，2005。亦收錄於曾耀寰主編，《老師沒教的科學家》，臺灣商務印書館，2012。原稿來自bcc16.ncu.edu.tw/pool/3.06.shtml

8

投票——民主的技術與意義

民主是什麼？我們都知道共產主義是從哪裡來的。假如想要知道共產主義的權威性論述，我們也都知道該找哪些著作。可是，如果對民主提出同樣的問題，答案似乎很不清楚。這也許是內建於民主的必要之「惡」；因為，如果有一份權威的民主論述，那麼……不就不民主了？

民國 8 年五四運動時代，把 Democracy[1] 譯作「德先生」其實頗有深意，因為沒有人認識德先生，所以不至於太快對它產生妄想或偏見，我們或許就有機會花比較多時間去認識它。可是就有性急的人宣稱它是「民主」，再多澆一瓢油，說它就是「人民

1　英文democracy來自拉丁文democratie，而後者又來自希臘文（用拉丁字母寫）de-mo-kratia：people-rule，直譯為人民統治；但當時「人民」是指在雅典城邦內擁有財產的自由人（財產包括奴隸和家丁）。在十九世紀時，此字在英國是指沒有世襲爵位或其他階級的人，而在美國意為「德先生政黨」（如今我們稱之為民主黨）的主張：簡略地說，該黨主張提高各州政府的權力，降低聯邦政府的權力，特別要限制總統的權力。進入二十世紀之後，特別是第一次世界大戰之後，美國有意識地將這個字包裹在「美國價值」之中，行銷給全世界。

當家作主」的意思，於是這把燎原之火就燒得覆水難收了。可能任何時代任何受此觀念鼓舞的一群人，都跟西元前四、五世紀之交，初次聽到這個希臘口號的雅典人一樣地熱血沸騰 [1]。是非成敗轉頭不能成空，德先生也不該如煙。在我們堅信民主是「普世價值」的此時，是否願意靜下心來想一想，它究竟是什麼？²

　　讀者請放心，本文沒有答案。

　　從技術層面來看，「投票」是民主相對於其他政體最顯著的特徵。投票不只運用於政治選舉，它其實是一群人需要一起做個共同決定時，可行的方案之一。投票規則和計票規定──通稱為選舉程序──顯然涉及基本的數學，本篇要說的當然不僅於此。投票是民主制度的關鍵技術，但它當然不是全部。我們必須有一套法律制度，用以規範投票前、投票時、投票後的正當行為。但其實法律制度還是不夠的，民主社會需要更高層次的一種自制與共識，說它是「道德」彷彿太高調，說它是「潛規則」又彷彿太僵硬。本篇第一節邀請讀者一起想想，我們在投票的法定程序以外，還有哪些共識？接著，文中介紹一個假設情境，闡釋選舉程序將會影響選舉結果（就算沒有任何舞弊），然後就介紹選舉程序的數學理論。³

2　用自己的語言解釋「民主」當然不是中文的專利。第4篇不就介紹過了，東德的國家名稱是「德意志民主共和國」。名字上掛著「民主」招牌的國家，族繁不及備載，例如北韓的正式國名是「民主的朝鮮人民共和國」。

3　本文的早期版本刊登於《科學月刊》[2]。

民主程序的形上程序

在就事論事的討論範圍內，民主只是一套程序，一套公眾管理與共同決策的程序。在這一套程序以外，所謂民主並沒有可以具體討論的對象。[4] 當我們討論公眾事務時，正常來說，只要想發言的人，說的都是自認為有道理的話。因此該尊重任何人的發言。問題在於，你有你的真知灼見，我有我的真知灼見，到底誰的真知灼見，應該成為社會的定見？所謂民主的特徵就是以選舉程序來做決定。它顯然不是唯一做決定的辦法，例如我們可以把事情都交給老大決定，也可以拜託媽祖幫我們決定，我們還可以用最原始的方式決定：暴力。西方社會之所以逐漸選擇了民主程序，是因為他們嘗試過的其他程序，造成更多的死傷和更大的痛苦，[5] 以致妥協到現行的民主體制。表達這個想法的最佳引言，首推邱吉爾：「民主是最爛的政體；除了那些歷代嘗試過的其他政體以外」[6]。

孔子曾對弟子端木賜說「爾愛其羊，我愛其禮」。將「禮」

4　這裡可以引用邱吉爾幫我佐證：「在一大堆雄壯華麗的民主夸辭之下，實際就是一個小人物走進一個小隔間在一張小紙條上畫一個小記號」。原文是At the bottom of all the tributes paid to democracy is the little man, walking into the little booth, with a little pencil, making a little cross on a little bit of paper—no amount of rhetoric or voluminous discussion can possibly diminish the overwhelming importance of that point. [3，頁 100]

5　本篇結語將會說，前話未必為真。

6　原文：[D]emocracy is the worst form of Government except for all those other forms that have been tried from time to time. [3: p. 583] 關於民主政體發展史以及「歷代嘗試過的其他政體」，筆者推薦蔡東杰教授站在臺灣立場所寫的書 [4]。

詮釋為程序，「羊」就相當於成本。任何程序都少不了相對的成本。就共同決策而言，「獨裁」看似成本最低，但是在決定誰來獨裁的過程中，很可能付出過高的成本。因此，在不求有功但求無過：不追求最高利益，但求降低集體損失的妥協中，誕生了民主。在此前提假設之下，可推論民主體制的本意在於保本，而不在於追求最大獲利。批評民主導致平庸的人，可能誤解了民主的本質。因此，我們對民主程序所付出的成本，就是效率。在民主程序中討論事情，耐心是一項重要的美德；而美德是無法用法律規範的。

選舉程序是民主這套程序中的具體程序，但前面至少指出一項無法具體規範的行為或態度，本文稱之為民主的形上程序。想一想，在選舉前後，還有哪些形上程序呢？首先，是不是該讓任何人得以不受威嚇地表達意見？邏輯上，不表達意見應該跟表達意見具有同樣的地位。所以，是不是也該讓每個人得以不受威嚇地保持緘默？而「威嚇」不該被狹義解釋成「使用暴力」，當一個人心生恐懼，他／她就是受到了威嚇。

其次，是否該就事論事，不做議題以外的臆測與煽動？在事實以外，當然容許發表意見。可是發言者應該具備基本素養，知道現在自己的發言屬於「意見」的發表？還是「事實」的陳述？如果發言者不能自己分辨，聽話的人也該有意識地分辨。這就是知識對於民主的重要性，也推論得到教育對於民主的關鍵性。在此核心動機之上，杜威（John Dewey, 1859-1952）發表了《民主與教育》[5]。此項原則的一個重要推論，是每個意見群體都不該自許為正義或道德高尚的一方。

再者，是否沒有人可以凌駕於「當時」的法律之上？不能因為有人，哪怕是二十萬人，宣稱某條法律不合時宜，或者自己的抗議有理，就能凌駕於法律之上。如果法律真的不合時宜，如果抗議真的有理，則民主程序應該就能順利修改那條法律，或者把抗議內容設為法律。

在訴諸於選舉之前，是否應該確保所有事實和意見都獲得充分表達的機會？此處所指的機會包括時間與平臺的設置。與此搭配的形上程序是：發表的人和聆聽的人，都能分辨是否已經沒有新的陳述？如果已經沒有新的陳述，是否就不該以尚未完整表達為由，阻止選舉程序的進行？

最後，是否每個人都該接受選舉的結果？開票之後，大家的精力應該聚集在如何解決共同決策的執行障礙，而不是企圖翻盤或者袖手旁觀等著它失敗。

以上幾點，是否皆為民主程序之必需，但不能以法律規範呢？回到具體的選舉程序，其中最關鍵的技術就是關於投票和計票的規則。選舉程序不只三種，以下我們利用一個假設的情境，示範同樣情境下，三種程序會產生三種不同的結果。

同樂會二籌

有 15 位同學負責籌辦一場同樂會，因為經費和人力的限制，他們決定只提供一種冰飲。至於要提供哪一種飲料，則有三種意見僵持不下：冰紅茶（用 T 表示）、啤酒（用 B 表示）還是雞尾酒（用 C 表示）。於是，在第二次籌備會議上，他們決定要

用最民主的方式解決紛爭：不記名投票。大家不假思索地舉行了最常見的選舉程序：一人一票相對多數決，也就是每個人投一票給自己最愛的飲料，以獲得最高票數的飲料獲勝。開票的結果是 T：B：C＝6：5：4，冰紅茶獲勝。

此時，主席應該進入下一項議案討論了。但是，某個人開始咕噥，另一個人聽到了就大聲一點兒附和，第三個人也開始埋怨，一股不安的情緒突然就爆發了。投票給冰紅茶的人要其他人表現民主風度：「少數服從多數嘛」。可是，有人說：「畢竟有 9 個人不喜歡冰紅茶啊」。在騷動中，情緒似乎有點失控，許多人七嘴八舌地嚷嚷著，說他們「最」不喜歡冰紅茶。

好吧，大家都是好朋友嘛，別為了這種小事傷了和氣。有人說他聽過另一種投票方法，比較「公平」，那就是所謂的「兩輪制」：把第一輪投票結果中最好的兩名取出來，所有人對這兩個候選飲料再投一次票。如果能夠幫助大家和和氣氣地達成共識，再投一次票也無妨，於是主席就做了。第二輪的投票結果，竟然就是 B：T＝9：6，啤酒獲勝。

這樣的結果真的解決歧見了嗎？很不幸地，不但沒有，他們之間變得更針鋒相對！看起來喜歡喝茶的人一票也沒有動搖，但是那些失去了雞尾酒選項的人全部改去支持啤酒。贊成喝茶的人難掩氣憤之情，說你們這些想要喝酒的人聯合起來欺負我們。剛才他們至少還會熱烈爭辯，現在情況更不妙，他們彼此不說話了。

為了打破那空氣中令人尷尬的沉默，又有一個人小心地提議，請大家拋棄成見，再來一次。這一次，他提議一個「最科學」

的作法：請每個人給每種飲料一個分數，最喜歡的給 2 分，次喜歡的給 1 分，不喜歡的給 0 分。然後計算每種飲料得到的分數總和，最高分的飲料獲勝。這聽起來畢竟是一個新奇的作法，所以大家雖然意興闌珊，還是勉強同意了。主席於是主持了第三輪投票，15 個人小心翼翼地在選票上填寫了分數，計算的結果是 C：B：T ＝ 19：14：12，雞尾酒獲勝。

有人哀號「怎麼會三次結果都不一樣？」，有人大叫「我不玩了」。為什麼三次投票得到三種結果？是有人搞鬼嗎？有一些人要和另外一些人作對嗎？有人經常改變主意做牆頭草嗎？總歸來說，是這 15 個人不夠理性或是民主素養不足嗎？選舉理論想要闡述的是：可能這並不是那 15 個人的錯，而是不同的選舉程序會造成不同的結果。[7]

選舉程序

所謂選舉程序就是一套根據選民所表達的意願將候選對象排序的規則。這套規則包括了蒐集選民意見的規則和計算結果的規則。在數學上，選舉程序被視為一個函數，它的輸入是一個集合，稱為「選民卷宗」，而輸出就是候選對象的排序。如果有 N 個選民，卷宗裡就有 N 個元素；如果有 K 個選擇對象，卷宗裡

7　題外話：筆者奉勸小團體別用投票方式做共同決策，有一句嘲諷的話是這樣說的：「如果你想撕裂一個團體，就讓他們投票。」經由全體懇談達成共識，或者確認有些人做了點犧牲而成全大局，將是比較理想的辦法。到了不惜撕裂也必須投票的關頭，主席確認所有意見都充分表達之後，就投票吧。開票之後，千萬別心軟。

的每個元素就有 K 個項目。拿前面的二籌情境來說，N = 15 而 K = 3。卷宗裡面的一個元素，就代表一位選民心目中對於選擇對象的優先順序。再用前面的例子，那 15 位籌備委員對於三種飲料其實都已經心存定見。那個卷宗裡面應該有 15 個元素，為了節省空間（反正那是不記名投票，不必指出哪個卷宗屬於哪位選民），我們將同樣的優先順序合併在一起，只記錄持同樣定見的選民人數，記成以下表格：

卷宗一	
選民人數	候選對象的排序
6	T > C > B
5	B > C > T
4	C > B > T

除了透過選票表達之外，一般來說選民並不知道其他人心目中的定見。參照卷宗一，我們可以清楚地看到，那 15 位籌備委員在三次投票當中，其實都是誠實而且理性地表達了個人心目中的定見。第一次採用多數決（plurality voting），每個人投票給心目中的第一優先飲料，因此 T：B：C = 6：5：4。第二次還是多數決，但是僅讓 T 和 B 對決，每個人按照心目中 T 和 B 的相對順序投票給較優先者：原本就最喜歡 T 或 B 的人，分別選擇了 T 和 B，而最喜歡 C 的人，恰好都第二喜歡 B，所以也選擇了 B；結果是 B：T = 9：6。第三次讓他們有機會完全表達對那三種飲料的喜好程度，最喜歡 T 的那 6 人，使得 T 得到 12 分，同時也讓 C 獲得 6 分；最喜歡 B 的那 5 人，使得 B 得到 10 分，同時也讓 C 獲得 5 分，但是沒有為 T 加分；最喜歡 C 的那 4 人，

使得 C 獲得 8 分，同時讓 B 獲得 4 分，也沒有為 T 加分。算一算，T 共得 12 分，B 共得 14 分、C 共得 19 分，也就是 C：B：T = 19：14：12。

弄清原委之後，我們發現二籌的飲料投票案並沒有陰謀，也沒那麼神祕，只是選舉的規則改變了結果。此外，我們也不難明白第一次投票為何引起強烈騷動：因為他們選出了「絕對多數人最不喜歡」的飲料。15 位選民之中，有 9 位，亦即 60%「最」不喜歡冰紅茶。

選舉理論中定義選民的「誠實」就是按照自己的定見投票（否則也不叫做不誠實，而是說他「有策略」）；另外定義選民的「理性」就是其心目中的定見符合遞移律，也就是說，如果 T > B，而且 B > C，那就一定要 A > C。如果問他要冰紅茶還是啤酒，他說要冰紅茶，問他要啤酒還是雞尾酒，他說要啤酒，再問他要冰紅茶還是雞尾酒，他卻說要雞尾酒，那就違背了遞移律，也就是該選民不理性。

讀者或許會抗議：也許我昨天中午和今天晚上的心情不同，所以會做出像這樣的選擇，那是「人性」，怎麼說是「不理性」呢？但是我們現在談的是投票那個當下的心中定見，那麼因為情緒而改變心意的藉口就比較不合適了吧？就好像那些籌備委員，如果在第一次投票之後就決定了冰紅茶，雖然當時有 9 個人不爽，或許在同樂會當晚也會改變心意，覺得冰紅茶確實是最適當的飲料也不一定。不過選舉理論要議論的是：選舉結果是否反應了選民在投票那個當下的心中定見呢？

前述二籌會議最終如何收場，已經不關我們的事，這個情境

故事可以到此結束。我們已經清楚地看到，就算那 15 位選民都誠實而且理性，只是因為採用的選舉程序不同，就得到不同的結果。對他們的懷疑和指責都是冤枉的，其實是選舉程序決定了選舉的結果。

讀者當然可以明白，雖然剛才的故事講的是 15 個人的選舉，但是就算改成 1,500 萬人的選舉，類似的情境還是可能發生。讀者可能還沒有想到的是，剛才的故事中只有三個選擇對象，其實，只要選擇對象的個數 K＞2，那些聰明的選舉理論學者就可以設計一套卷宗，找到 K 種選舉程序，使得根據那同一份卷宗，K 種程序可以讓那 K 個對象各獲勝一次！這聽起來就像是數學家玩的把戲，不是嗎？可是科學和社會的歷史已經表明，不要嘲笑數學家的把戲；不管多麼荒誕而不切實際的想法，只要被數學家冥想出來，就會發現它吻合了科學或社會的某些現象。

每一個候選人可以主張一種讓自己獲勝的選舉程序，這聽起來還不夠荒誕嗎？如果我們不去仔細了解各種選舉程序造成的影響，而因規就習地直接將某種選舉程序奉為圭桌、讓它來主宰著我們的生活，那豈不更荒唐而可悲？這就是選舉理論要探討的問題：究竟有沒有最「公道」的選舉程序？回答這個問題之前，當然要先討論：什麼叫做「公道」？

孔多瑟和波達

一般認為，選舉理論的正式開端是法國人孔多瑟（Marquis de Condorcet, 1743-1794）在 1785 年發表的論文〈論數學分析應用

於多數決之機率問題〉[8] [6]。孔多瑟的全名很長 [7]，雖然他在十六歲就首次發表數學論文，二十五歲即因為在積分學方面的研究表現而被選入法國科學院，不過博學的威爾森（E. O. Wilson，1929 年生）仍然評論他在數學與科學上的貢獻微不足道 [8]。相對地，孔多瑟被認為是「法國最後一位啟蒙哲學家」，他在法國大革命中扮演的角色，是一位關心平民的貴族知識份子，他起草憲法、鼓吹宗教自由、擘畫教育、主張女權、反對蓄奴，他在革命爆發前，就開創了民主制度之關鍵程序：投票的研究。然而，大家都知道法國大革命後來混亂得失去了控制，孔多瑟一夜之間變成通緝犯，入獄後第三天就暴斃於地板上，未經審判而且死因不明。

孔多瑟在 1785 年的論文裡提出了一種選舉程序：他認為一個「公道」的勝選者，必須是與所有其他候選人在捉對投票中都能獲勝的那個人。拿卷宗一做例子，孔多瑟的程序要求選民對 T 和 C 投票一次，對 T 和 B 投票一次，還要對 B 和 C 投票一次。如果選民像卷宗一所示的那樣誠實投票，則 T：C＝6：9，T：B＝6：9，B：C＝5：10，所以只有 C 能夠在兩次捉對投票中都獲勝，因此 C 是勝選者。

孔多瑟自己也在論文中表明，他的選舉程序可能無法產生結果。例如，萬一 15 位選民心目中的排序，恰好如卷宗二：

8　法文標題是 *Essai sur l'application de l'analyse a la probabilite des decisions rendues a la pluralite des voix*。

卷宗二	
選民人數	候選對象的排序
5	T > C > B
5	C > B > T
5	B > T > C

那麼三次捉對投票的結果，將是 T：C＝10：5，T 勝 C；然後 C：
B＝10：5，C 勝 B，可是 B：T＝10：5，B 又勝 T。可以用數學
符號記為 T > C > B > T，顯然違反了遞移律。這個現象意味著，
即使所有選民都是理性而且誠實的，投票的結果卻顯得不理性！
我們可以將這種情形解釋成「平手」，但那只是我們的解釋而已，
就實際開票結果而言，並不是平手。因此，當孔多瑟程序產生勝
選者的時候，那的確是一位眾望所歸、沒有異議的勝選者。問題
就是，它有太大的失敗機率；而且就算它可以成功，所耗費的社
會成本也未免太高了些：試想，如果有七位候選人，兩兩捉對投
票，一共要舉行二十一次投票呢。這就是波達（Jean-Charles de
Borda, 1733-1799）對孔多瑟提出的質疑。

　　一般的說法是波達在與孔多瑟的辯論中提出了他的方法，
如今稱為波達計票法（Borda Count）。但是根據薩伊（Donald
Saari，1940 年生）的研究，波達早就對法國科學院提出這個選
舉程序的建議，只是科學才士們不太熱衷這個問題，就被淡忘
了。波達在孔多瑟發表論文之後舊事重提，才重新受到重視 [9]。
波達計票法就是二籌會議裡「最科學」的那種選舉程序（第三次
投票的方法）。一般而言，每位選民對 K 個候選對象嚴格排序，
投票時，給自己心目中的第一名 K－1 分、第二名 K－2 分，依

此類推，給倒數第二名 1 分，給最後一名 0 分。凡是沒有一一完整列出 0 分、1 分、…、K－1 分的選票，皆為廢票。投票之後，將每個候選對象獲得的分數加總，按其數值從大到小排序，就是選舉結果。得到波達計票的排序之後，按照選舉的需求，取第一名或前面若干名皆可。

　　就像許多數學或科學的歷史一樣，更晚期的史料表明波達與孔多瑟都不是他們提倡的選舉程序的最初發明人。第 4 篇介紹過的狂人喻以就曾經發明過孔多瑟的方法，而 1433 年庫薩（Nicholas of Cusa）批評喻以的方法不好，並提出他自己的方法；讀者已經猜到了，庫薩提出的改良方法就是波達計票法。[10]

　　波達也是一位有貴族背景的法國知識份子，他在二十歲提出一份幾何學方面的論文，二十二歲在軍中獲得數學家的職位；[9]他的職業生涯一直是學術與軍旅並行。1776 至 1778 年間，他還擔任艦長，帶著法國海軍越過大西洋，幫美國人打了獨立戰爭[11]。波達影響我們最深的一件事，可能是在他的強力推動下，定義了「公尺」。原本有人建議以週期為 1 秒的單擺長度作為公尺的定義，但是波達大力提倡用地球沿著某條經線從北極到赤道的一千萬分之一作為公尺的定義。他舉出一個浪漫的理由：因為法國打算制訂一套「屬於全人類」的全新度量衡標準，所以應該使用全人類共同的生存空間──地球──當作定義的基準。他們認為如果根據地球導出長度單位，其他國家就沒有反對的理由，

9　提醒讀者注意，法國海軍裡有一種職位叫做「數學家」。直到今日，歐美國家的公、私部門都有「數學家」這個職稱，不像在我國「數學家」可能只是一種學術上的恭維之詞。

比較方便把它推廣為國際標準。然而反對的人永遠不乏反對的理由，當法國人打算測量通過巴黎聖母院尖塔的經線長度，[10] 用以定義公尺時，英國人反對，美國人也反對，他們認為應該要用英國或美國的地標。儘管如此，「公尺」畢竟還是按照法國人的意志，根據巴黎經線的長度而定義。當初他們以為每一條經線都一樣長，所以經線的選擇僅有政治上的意義，不會造成公尺的長度不同。可是後來才知道，不同的經線還真的不一樣長（經過補償計算，假設在海平面高度上測量經線），不過「公尺」已經被法國人定義下來了。[11]

其實波達和負責測量的法國科學院，各有各的私心。波達的私心是要推銷他發明的「複讀儀」（repeating circle），那是當時最能夠支持高精度測量的儀器，而科學院的私心是趁機會拿到預算，舉行一次難得的大規模測量；其實那時候法國王室的財政已經瀕臨破產。革命爆發之後，長期接受國王資助的科學院一度危急，因為百姓把科學才士視為貴族那邊的人，打算革掉他們的命；是拿破崙解救了科學院。[12]

選舉理論學者基本上同意，如果「不計成本」，應該先執行孔多瑟的選舉程序，如果產生優勝，那就好，否則改用波達計票法。問題是，實際上很難不計成本。不過理論學者倒是利用孔多瑟程序來協助判斷其他選舉程序的優劣。他們在理論上探討許多

10　差不多正好寫到這裡的時候，巴黎聖母院遭受祝融之災，燒毀了尖塔。希望在我們的有生之年會重建起來。
11　公尺、公斤和秒的定義，都因為科技進步而迭有翻新，但是前後的誤差都不至於影響日常生活。

（或者所有）可以讓孔多瑟程序產生優勝的卷宗，假設這個優勝是最具有代表性的當選者，然後比較其他選舉程序產生其他優勝（也就是不夠恰當的結果）的機率如何。結果呢，也許讀者已經猜到了，在比較過的各種選舉程序當中，最容易不符合孔多瑟優勝的選舉程序，就是現在最常用的多數決：一人一票相對多數者獲勝，也就是二籌情境中第一次投票採用的選舉程序。

雖然孔多瑟和波達的爭辯開啟了選舉理論的研究，也為後代學者鋪設了研究的典範，不過他們沒辦法為「公道」下一個定義，因此就不能討論什麼選舉程序最「公道」。這個問題卡了很久，直到二十世紀中葉，出現一個令人難受但是卻被普遍接受的結論。

雅樂不可能定理

二十世紀產生了三個偉大的「不可能」定理。這些數學定理在哲學、經濟、科學上，都產生深遠而根本的影響，其中一個是雅樂（Kenneth Arrow, 1921-2017）1951 年在博士論文〈社會選擇與個人價值〉[12] 內提出的「普遍可能性定理」（General Possibility Theorem）；因為該定理其實否定了普遍可能性，所以又被稱為「雅樂不可能定理」（Arrow's Impossibility Theorem）。雅樂於 1971 年獲頒諾貝爾經濟學獎。

---

12 Social Choice and Individual Values。耶魯大學出版社在 2012 年提供第三版，而其 1951 年版之全文已公布於 cowles.yale.edu/sites/default/files/files/pub/mon/m12-all.pdf。

雅樂的洞見之一是「公道」不能用更基本的概念來定義，應該要訴諸於《幾何原本》建構知識體系的方式：公理。公理的性質並不是對或錯，而是要不要接受的問題。我們不去證明公理的對錯，[13] 而是辯論是否要接受它。所以公理本身其實就是社會選擇；只是這種學術性的辯論與選擇，在學者與讀者之間進行，並不需要舉辦公民投票。

雅樂為選舉程序提出一套「公道」的公理：

一、每一個選民的影響力都一樣。

二、選民除了不能不理性之外，沒有任何在其心目中給候選對象排序的限制。

三、如果所有選民都認為 A > B，則選舉結果也要顯示 A > B。

四、選舉結果關於 A 和 B 的排序，應該只由卷宗內 A 和 B 的相對順序決定，與任何第三者無關。

五、如果所有選民都是理性地將選擇對象排序，而且誠實投票，則選舉的結果也要顯示理性的排序。

讀者們不妨自己想想，上述五條公理有沒有道理？它們是不是符合您對於「公道」選舉程序的直覺認識？您願不願意接受？在其發表之後二十年，看來學者們都接受了。

第一條公理不但假設社會中沒有獨裁者，甚至也沒有所謂德高望重的人。進一步推論，第一條公理做了極強的假設，它假設

---

13 如果一套公理由若干條敘述組成，則我們可以試圖證明它們的獨立性與一致性，但不去證明個別敘述的對錯。獨立性是說每一條敘述都不能從其他敘述推論而得，一致性是說每一條敘述的逆敘述也不能從其他敘述推論。

每一位選民都能獨立思考，判斷他／她對候選對象的排序；選民不因人廢言，也不因言廢人，不崇拜聖人，也不跟隨潮流。

如果大家同意那五條公理，我們就可以根據那五個條件來設計「公道」的選舉程序，然後在所有的「公道」程序當中，再設法挑選「最公道」的方法。但是雅樂說，省省吧，如果候選對象超過兩個（大於或等於三個候選對象），根本不存在同時滿足五條公理的選舉程序！

如果只有兩個候選對象，那麼許多已知的選舉程序其實是彼此等價的，也就是說那些程序都會選出同樣結果，而且它們都等於多數決。如果只有兩個候選對象，則多數決就是「公道」的程序，而此時並沒有哪個程序「最公道」的問題，因為其他公道的程序都會得到同樣的結果。由此可見鞏多瑟的直覺正確：讓 K 個候選對象兩兩對決一次，則每一次的選舉都是公道的。只可惜最後的結果卻可能不公道，因為它可能會違背第五條公理（選舉結果顯示不理性的排序）。

但是，如果超過兩個候選人，那就居然不存在任何公道的選舉程序！請讀者注意，這是一個被證明的數學定理，而不是經驗法則，也不是實驗歸納的結論。就好像許多人在高中時代學習過的一種不可能定理：不可能找到兩個正整數 n 和 m，使得 $n^2 = 2m^2$。不是我們運氣不好，不是我們不夠努力或者不夠聰明，而是——不可能！

我們已經知道鞏多瑟違背了第五條，現在說明波達違背了第四條。沿用二籌的情境舉例，假如一開始只有三種飲料 B、C、T 的時候，15 位委員心中的排序如卷宗三，則波達計票的排序

是 C：B：T＝19：16：10。假設後來增加一個新選項：冰咖啡（用 K 表示），15 位委員並沒有改變原來三種飲料的相對順序，只是把 K 插入某個位置而已。假設卷宗三變成了卷宗四，這時候波達計票的排序就變成了 B：C：K：T＝26：23：22：19，雖然 K 自己只能排名第三，卻使得前兩名的順序對調了。也就是說 B、C 兩者的排序受到第三者 K 的影響，違背了第四條公理。

卷宗三	
選民人數	候選對象的排序
5	T > C > B
6	B > C > T
4	C > B > T

卷宗四	
選民人數	候選對象的排序
5	T > K > C > B
6	B > K > C > T
4	C > B > T > K

前面介紹的鞏多瑟選舉程序和波達計票法，都要求選舉結果必須將全部候選對象排序，而非簡單地選出一個優勝而已，所以他們並沒有討論簡單的多數決。而且前面已經說過，多數決是非常不理想的選舉程序：它最容易選出「非鞏多瑟」優勝者，也可能選出「絕大多數人最不喜歡」的對象，所以選舉理論通常不討論多數決。用「公道」的公理來檢視多數決，可發現它更容易違背第四條公理。就以卷宗一為例，如果加入冰咖啡選項之後，原本最喜歡冰紅茶的 6 位委員之間，有 2 人最喜歡冰咖啡，其他委

員都維持原來最喜歡的飲料（不管他／她們把冰咖啡排在第幾順位），則投票結果就會從 T：B：C＝6：5：4 變成 B：T：C：K＝5：4：4：2，對調了 T 和 B 的順序，「害」得冰紅茶落選。可見多數決不但不公道，而且是非常不穩定的選舉程序。也許，選舉理論的先行者早在十八世紀就已經知道多數決的缺點，所以不怎麼討論它。

前面並未討論另一個常用的選舉程序：「同意票制」（approval voting）。每位選民在選票上圈選任意多個「同意」的對象，將每個候選對象獲得的「同意」次數加總，排序成為投票結果。同意票制不公道的原因是它違背了第一條公理：每張選票的影響力不同。試想，一張全部「不同意」的選票與一張全部「同意」的選票，對於選舉結果的排序，都沒有影響；其他圈選狀態的選票則有影響，所以選票的影響力是不同的。讀者稍微想想，就會發現在同意票制裡面，只「同意」一個對象的選票影響力最大。可是，如果所有選民都這樣做，每個人都僅「同意」一個對象，則同意票制就變回了多數決。[13]

雅樂不可能定理的大眾解讀，是說我們必須在殘缺的選舉程序和獨裁者之間做一個選擇。這是多麼無奈的情況啊。有些人將此無奈訴諸於道德，認為人間本無完美，他們用雅樂定理當作證據，告誡政治人物即使勝選也要謙沖為懷、多接納眾人的意見。另一些人則堅持理性，企圖修改或鬆動雅樂的五條「公道」公理。在雅樂之後半世紀，一位數學經濟學者薩伊想要說服我們，雅樂的第四條公理值得鬆動一點點，而鬆動之後就有符合（新）公理的「公道」選舉程序了。

薩伊的修訂理論

　　西元 2000 年，薩伊在經濟學術期刊上發表兩篇各 50 頁的論文，引起了相當的重視和討論 [14]。薩伊的論點之一，是雅樂的第四條和第五條公理會互相「抵銷」。他說，既然假設選民是理性的（雅樂不可能定理的證明用了這個假設），選舉程序應當要盡可能地檢查選民是否真的理性，盡可能從卷宗當中剔除那些不理性的選民（譬如說，查出不理性的選票而將之視為廢票）。而雅樂的第四條公理恰好就限制了選舉程序檢驗選民是否理性的能力。[9, 10]

　　從理性觀點來看，多數決又顯示另一項弱點：它是最不能「檢驗不理性」的制度（假如有大於兩件候選對象），因此可謂最差勁的選舉程序。因為在此程序中，從選票只能得知選民的第一優先，完全不知道選民對其他候選對象的好惡，所以無法得知選民對於候選對象的排序是理性的還是不理性的。

　　在以上思維的哲學引領之下，薩伊提議修改雅樂的第四條公理，將之稍微放寬，只加上三個字：

> 四′、選舉結果關於 A 和 B 的排序，應該只由卷宗內 A 和 B
> 　　　的相對順序和距離決定，與任何第三者無關。

　　所謂距離就是兩個選項在選民心目中所排位置的距離。例如卷宗三之內，有 5 位選民的排序是 T > C > B，則 T 排第 1、C 排第 2、B 排第 3，故 T 與 B 的距離是 | 1 − 3 | = 2，而 B 與 C 的距

離是 |3－2|＝1。雅樂的第四條只管順序不管距離，所以波達計票法違背了第四條。薩伊修改後的第四條（四'）則放鬆一點，按這條規定，如果新加入的選項不改變原先的順序和距離，則不該影響它們在選舉結果中的排序，可是如果改變了原來的順序或距離，就容許選舉結果發生變化。回顧前面在二籌增加冰咖啡選項的例子，在沒有冰咖啡的時候，選民心目中的排序如卷宗三，B 和 C 的距離都是 1。可是加入冰咖啡之後，比較卷宗三和卷宗四，雖然 B 和 C 的順序都沒有改變，但是它們在其中 6 位選民心目中的距離，卻從 1 變成了 2。按照新的第四'條公理，因為新卷宗改變了 B 和 C 的距離，所以容許 B 和 C 在選舉結果中改變相對順序。波達計票法並未違背第四'條。

得獎的是……

　　如果我們保留雅樂的公道公理，只把原本的第四條換成第四'條，那麼薩伊證明了：波達計票法是「公道」的選舉程序。

　　本文提及的其他選舉程序，在修改後的公理系統之中，仍然是不公道的。簡言之，在薩伊修訂的公道公理之下，只有波達計票法是公道的。

　　公理本身不能被證明或否證，只能被接受或拒絕。波達計票法符合新的公理公設系統，因此它「公道」，這是數學的證明。可是世人要不要接受薩伊提議的新公設系統，卻不是數學可以證明的，而有待眾人的辯論與判斷。不論選舉理論將如何發展，「一人一票相對多數決」已經確定是非常糟糕的選舉程序，我們

是否應該正視這項結論？就算學術界不接受薩伊的修訂，他至少證明了波達計票法可能是在「不可能」當中「最接近」公道的選舉程序，我們是否也該討論它的可行性？

結語：民主不是應許

在技術層面，讀者或許已經一邊讀一邊產生疑問，譬如為什麼不討論兩票制選舉程序呢？為什麼不容許選民對部分選擇對象不分高下呢（例如 $T > (C = B)$）？如何遏止或減少選民運用策略投票呢？其實選舉理論有非常豐富的發展，除了這裡介紹的「公道」定義以外，還有其他見仁見智的看法，也還有可辯論的空間 [13, 15]。選舉理論還跟社會福利的經濟數學有關，又可以推廣為工業、經濟各種方面的決策理論（decision theory），那裡又有許多有趣而且和我們的生活密切相關的問題。本文顯然傾向於數學（和經濟數學）觀點，有些讀者或許有興趣看看西方政治學者的觀點 [16]。

在思想層面，當我們把民主當作宗教來信仰時，筆者希望指出民主不是應許（不論祈求的是什麼），民主也不能僅依賴法治與選舉來運作。很多事實因為違背信仰而被遺忘，例如美國民主黨在其宣言中讚頌人權與自由，但他們主張蓄奴。[14] 在二戰之前，希特勒是經由民主程序獲得地位和權力的。二十世紀最傑出

---

14 共和黨的成立初衷之一，反而是解放黑奴。林肯是第一位選上總統的共和黨員。

的邏輯學者葛德爾（Kurt Gödel, 1906-1978）[15] 為了歸化美國籍而研讀了美國法律，他哭著告訴愛因斯坦，美國完全可以合法產生像希特勒那樣的獨裁者 [17]。[16] 二十世紀末流傳一則說法：為「民主」概念而塗炭的生靈，超過二戰軍人的死亡總數。這或許只是誇飾修辭法，但確實有學者在限制條件下提出證據，顯示民主政體並不見得減少了人命的死傷。[18]

　　不論從具體程序或形上程序來看，民主政體都比其他政體更需要教育的支持。既然如今每一個人都有權利參與共同選擇，合理的推論便是每一個人都要負起部分的責任，誰能想像這種責任能由思辯乏力而資訊不足的人群來負起呢？因此我們比以前更需要普及而有效的教育，這就是下一篇的主題。

延伸閱讀或參考文獻

[1]　Bernard Crick. *Democracy, a very short introduction.* Oxford University Press, 2002.

[2]　單維彰，〈選舉的數學理論淺釋〉，《科學月刊》411，188-193，2004。亦以「關於選舉的數學理論」為題，收錄於葉李華主編，《石油用完了怎麼辦？》，貓頭鷹，2007、2015。

[3]　Winston Churchill (author), Richard Langworth (editor). *Churchill by himself:*

15　二十世紀三大不可能定理的其中之一，是葛德爾的作品。電影《愛神有約》（I. Q.）相當歡喜地將葛德爾和愛因斯坦在高等研究院（IAS）的生活編進戲劇裡。

16　寫到這裡的時候，美國的川普總統正爭取連任。當川普受指責的時候，他很少說「我沒錯」或「我沒做」，而是回覆「我合法」或「你沒證據」。且讓我們拭目以待，看看這位只談法律而無所謂道德的民主國家領袖，將會把世界帶到哪裡？在我們的生活環境裡，難道就沒有像川普這樣的政治人物嗎？

The definitive collection of quotations. Public Affairs, 2008.

[4] 蔡東杰，《蹣跚走來的民主》，暖暖書屋，2017。

[5] John Dewey原著，薛絢譯，《民主與教育》，網路與書，原著1916，譯本2006。另可參閱書摘shann.idv.tw/Lite/book/Dewey.html

[6] J. J. O'Connor and E. F. Robertson. *The history of voting*. The MacTutor History of Mathematics archive, 2002. Retrieved from mathshistory.st-andrews.ac.uk/HistTopics/Voting.html

[7] J. J. O'Connor and E. F. Robertson. *Marie Jean Antoine Nicolas de Caritat Condorcet*. The MacTutor History of Mathematics archive, 1996. Retrieved from mathshistory.st-andrews.ac.uk/Biographies/Condorcet.html

[8] E. O. Wilson著，梁錦鋆譯，《知識大融通》，天下文化，2001。

[9] Donald Saari. *Decisions and elections, explaining the unexpected*. Cambridge University Press, 2001.

[10] Donald Saari. *Chaotic elections! A mathematician looks at voting*. American Mathematical Society, 2001.

[11] J. J. O'Connor and E. F. Robertson. *Jean Charles de Borda*. The MacTutor History of Mathematics archive, 2003. Retrieved from mathshistory.st-andrews. ac.uk/Biographies/Borda.html

[12] Ken Alder原著，張琰、林志懋譯，《萬物的尺度》，貓頭鷹，2005。另可參閱書摘shann.idv.tw/Lite/book/meter.html

[13] D. Newman原著，香港嶺南學院政治學與社會學系譯，《選舉理論及比例代表制》，1998。取自www.hkdf.org/seminars/980301/newman-c.doc

[14] Dana Mackenzie. Making sense out of consensus. *SIAM News*, 33, 2000.

[15] Erica Klarreich. Election selection. *Science News Online*, 162, 2002. Retrieved from www.sciencenews.org/20021102/bob8.asp

[16] W. H. Riker and S. J. Brams. The Paradox of Vote Trading. *The American Political Science Review*, 67, 1235-47, 1973.

[17] Ed Regis原著，邱顯正譯，《柏拉圖的天空》，天下文化，1992。原文書名 *Who got Einstein's office?*

[18] Alexander Downes. Restraint or propellant? Democracy and civilian fatalities in interstate wars. *The Journal of Conflict Resolution*, 51, 872-904, 2007.

9

—

PISA與西方的數學教育觀

　　PISA是經濟合作與發展組織（Organisation for Economic Coo-
peration and Development，縮寫為 OECD[1]）自 1997 年起執行的
國際學生評量計畫（Programme for International Student Assess-
ment，簡稱 PISA）。OECD 明明是經濟組織，為什麼要涉足教
育議題呢？簡單地說，因為經濟發展需要人力資源（簡稱人資），
而人力資源需要教育來培養與訓練。

　　按筆者的私自揣測，OECD 的決策議會及其智庫顧問，對於
學校教育的目標傾向於傳遞經典知識的現象有點意見，他們認為
教育也該為個人的社會參與和職業生涯做些準備，至少應該要在

1　OECD由歐洲經濟合作組織（OEEC）改組而來。OEEC成立於二戰之後的1948
　　年，旨在促進歐洲戰後經濟的復甦。1961年，原來的西歐十八國加上美國和加拿
　　大，改組成立了OECD。這二十個會員國是當時世界上最富裕的國家，因此OECD
　　俗稱「富國俱樂部」。後來陸續加入了中歐國家和亞洲國家，例如日本（1964）和
　　南韓（1996）。雖然現在OECD三十多個會員之中也包含像墨西哥這種不太富裕的
　　國家，但是基本上它還是被認定為「富國」俱樂部。

精神層面的文化傳承與功能層面的生涯發展之間取得平衡。但是
OECD 不便直接插手國際級的教育事務，[2] 更不能干涉屬於各國
內政的教育政策，所以他們藉由發表「現今社會需要什麼樣的人
才？」研究報告，以及舉辦「基礎教育是否賦予國民解決問題的
能力？」跨國標準化評量，[3] 來表述他們站在人資需求的立場，
對基礎教育的期許。

　　OECD 的研究報告和國際評量，成功引起了世界各國的注
意，以此理念為基礎的實用性教育觀，也從「西方」[4] 傳播開來。
臺灣的教育政策以及教育「願景」同樣受到影響。本文意圖粗理
這一系列教育思想的脈絡，藉以闡明我們所受的影響以及我們面
臨的部分困境。[5]

所謂素養

　　「素養」本來就在我們的語彙裡，日常交談或學術文件都會
用到它，但總是用它在中文裡的普通的意涵，並沒有教育上的特

2　對於國際性的教育議題提出評論與建言，似乎是聯合國教科文組織（UNESCO）的
　　職責。有趣的是，該組織最有影響力的成就似乎是世界遺產（World Heritage）的認
　　定，而「遺產」不論從字面還是從實際效應來看，都是經濟屬性的東西。
3　所謂標準化評量是指，從命題、組卷、施測，到閱卷與評分，都有一致的程序和規
　　準。而成績又經過統計方法的技術性調整，使得不同地區與不同時間的評量成績，
　　可以互相比較。
4　這一波的教育思潮發展，很難得地並不以美國為中心。此處的「西方」比較以西歐
　　和北歐為實體。而概念性的「西方」也包括澳洲。澳洲或許跟歐洲同時發生了教育
　　思想的轉變，但是澳洲實施得更早（畢竟澳洲是「一個」國家）。臺灣在「九年一
　　貫」課程綱要裡採用「能力指標」取代學習內容，主張教育要讓學生獲得「帶得走
　　的能力」，便是師法於澳洲。
5　本文融合了筆者發表於《數理人文》和《教育脈動》之舊作 [1, 2] 的部分內容。

殊含意。就數學教育而言，「素養」已經寫在民國 57 年的文章裡，更寫進了民國 72 年高中數學課程標準的官方文件裡 [3]。可是在 2010 年之後，素養、核心素養、數學素養逐漸成為教育領域的專門術語，從此之後，「素養」除了中文本有的意義之外，又多了舶來的術語意義。而後者的源流，就來自於 OECD 所做的研究報告與國際評量。

數學教育界向來以「數學素養」作為 mathematical literacy 的譯詞，而其操作型定義雖然有幾種不同版本的說法，但可以說都以 PISA 測驗所給的定義為基礎模版。所以，數學教育領域（以及許多其他基礎學科領域）都認為素養是 literacy 的對應概念。可是，也有教育領域的學者以「核心素養」作為 key competence 或 core competence 的譯詞，[6] 所以在教育學領域裡，素養也是 competence 的對應概念。可是在教育學以外的領域裡，competence 通常被譯為能力或職能，就連教育學本身都在民國 70 年代從美國引進 competency-based teacher education，譯作「能力本位師範教育」（後來改稱能力本位師資培育），也是以能力作為 competence 的對應概念。[7]

---

6   其中 competence 又可能寫為 competency 或其複數形 competencies，本文將它們視為同義詞。在寫作時，筆者再確認過，此時國家教育研究院公告在「雙語詞彙、學術名詞暨辭書資訊網」裡面的標準譯詞，在教育學名詞或教育大辭書的範圍內，將 key competence 譯作「核心素養」（http://terms.naer.edu.tw/detail/3354901/），將 core competencies 譯作「核心素養 / 能力」（網址同前 /1453916），但是將 competency-based teacher education 譯作「能力本位師範教育」（網址同前 /1308743）。

7   當臺灣開始推能力本位師範教育的時候，其實美國已經開始批判而停止推行了。像這樣我國在美國不推之後卻開始推行的教育案例，自民國以來發生多起案例。陳梅生先生因親身經歷而感觸良深，在他的回憶錄中可見深沉的反省。[4]

一詞多義並不值得大驚小怪，語言的自然發展本來就可能產
生多義。可是在短時間內（幾乎是同時）用同一個詞彙承接兩個
不同脈絡的外來教育觀念，而且這個詞「素養」本身具備傳統的
意義，又因為十二年國教將它當作總目標，使得它快速成為國民
教育的當紅關鍵詞，所以特別值得摸清楚那兩個外來新詞義的來
龍去脈。

職能與掃盲

筆者在 2016 年查詢維基百科（Wikipedia）時，它羅列了
competence 在人資、法律、生物與地質等領域的專門解釋，但
是沒有教育領域的。人資領域將 competence 譯為「職能」，它
長期以來是人力資源管理領域的用語；筆者認為，在西方的「素
養」相關文件中，competence 的意義始終來自人資管理或職能教
育的脈絡，並不是學校教育的脈絡。

Competence 跟教育發生特定關聯的發源地，可能還是美國，
而且跟美國推行「新數學」教育運動有著同一個肇因：1957 年
蘇聯成功發射人造衛星史波尼克號（Sputnik）的事件。史波尼
克事件震驚美國朝野，整個美國簡直陷入了恐慌，因而觸發美國
版的「大躍進」，可以說方方面面都亟思在短期內提升自己的產
值和產能。在學校教育層面，誕生了新數學、新自然、新社會 [5]
等等課程與教學改革，而在職業教育層面，包括技職學校教育以
及企業提供的教育訓練等，則誕生了「能力本位」的課程設計與
教學方法。師範教育也算一種職業教育，於是在此風潮之下展開

了所謂能力本位的師範教育。

　一開始的時候，所謂「能力」是行為心理學派的狹義解釋，他們先將整份工作內容拆解成明確定義的細小步驟，然後確保學生能完成每個步驟。後來人們逐漸了解，在職場中獲得成功的能力不僅於此，而逐漸擴大「能力」的範圍。做此轉變的代表作之一，是哈佛大學心理學者大衛・麥克利蘭（David McClelland, 1917-1998）於 1973 年提出的論文 [6]，原意是論述高等教育不應以智商作為甄選的依據，而應更注重實際影響學習績效的能力。這篇著作成為人資領域的重要文獻，當企業「想要了解表現優秀與普通工作者之間的差異，找出並確認哪些是導致工作上卓越績效所需具備的知識、能力及行為表現，……都是參照 McClelland 提出的概念來進行，提供了許多明確的方向和觀念供企業參考」[7]。如今的理解是：職能不只是智商，也不只是知識和技能，還有透過行為表現出來的態度。

　在前述脈絡的發展之下，OECD 在 1997 年底委託了「職能的定義與選擇」研究（Definition and Selection of Competencies，簡稱 DeSeCo[8]），主要的資助單位是美國教育部和教育統計中心，而執行單位是瑞士的國家統計局。然後再從 DeSeCo 濃縮成三方面的關鍵能力（key competencies）：（一）能使用工具溝通與互動、（二）能在異質社群中進行互動、（三）能自主行動等；每一方面又以三項內涵來進一步解釋，以確保「個人的生涯成功

8　DeSeCo讀作ㄉㄝ ㄙㄜ ㄎㄡ。

與社會的良好運作」[9] [8]。筆者相信上述三方面的關鍵能力以及九項的內涵解釋，就是臺灣十二年國教的第一代課程綱要（108課綱）所提的「三面九項」核心素養的來源。

摸清楚職能概念的發展脈絡之後，可以幫助我們理解一些現象。首先，在職能的脈絡裡，幾乎不見學科領域的討論；因為它探討的主題是職業教育，而非共同的基礎教育。其次，除了社會領域以外，各學科領域都認為難以根據「三面九項」核心素養來設計自己的課綱；因為它本來就不是為了學校教育的需求而發展的。社會領域感覺跟「三面九項」的核心素養很契合，可能是因為 DeSeCo 關心「社會的良好運作」，這項關懷的確與教育有關，也可以作為教育的終極關懷之一，但是其出發點畢竟不在教育。民國 100 年之後，在國內學者洪裕宏、蔡清田、吳清山（時任國家教育研究院的院長）[9] 的推動下，「素養」正式承接了由職能這條脈絡發展而來的教育觀念，並且被引入於各階段各領域的教育之中。

另一方面，PISA 也是 OECD 主導的計畫，但是它在描述數學測驗的評量目標時，對於數學的知識、技能和行為表現的整體指稱，卻不使用 competence 而改用 literacy。Literacy 原意是識字與讀寫能力，透露主事者將數學視為一種語言。注意 literacy 不含聽與說的能力，因為它原本僅指母語而非外語，一般人都能在成長的過程中學會母語的聽與說，而讀和寫才是需要經過刻意教育才能學會的。又因為這本書一再說文字本來就包含數字，所

9　原文是 a successful life and a well-functioning society。

以後來 literacy 的概念就包括了讀、寫、算，而它也就成為各文化的基礎教育內容，猶如《三字經》說的「知某數，識某文」。

也許自從 literacy 這個字在十九世紀後期誕生開始，它就與教育領域有關，[10] 從「讀寫算」延伸為「一切學習的共同基礎」的意思。它本來包含正整數的基本運算，可是後來對於數學的基本需求提高了，例如還要增加分數運算與比例運算，促使英國在 1957 年連結 number 和 literacy 創造了一個新字：numeracy，意指認識數字並具備關於數字的讀寫能力，亦即識數和計算能力。英國和鄰近的蘇格蘭和愛爾蘭，常以 literacy and numeracy 當作其小學基礎教育的主題。

Numeracy 比較侷限在數與量的學習內容，這的確是小學基礎教育的主要課題。但 PISA 的施測對象是即將完成國民共同教育階段的十五歲少年，而不是兒童，所以不能只具備數與量的數學知識和能力，還要認識形體、變化關係、以符號代表數、資料處理與不確定性等數學內容，並具備關於它們的讀寫（與實用）能力。筆者認為 PISA 是在前述思考脈絡之下，選用了 mathematical literacy 這個詞來取代 numeracy；臺灣的數學教育同仁將其譯作數學素養，所以至少在數學領域裡，「素養」也承接了由識字與識數這條脈絡發展而來的教育觀念，許多其他學科領域也採取這個譯詞，例如科學、語文、媒體、電腦科技等。

10　拉丁古字就有 literate（識字者）。因為當時大多數人不識字，在印刷術倡行以前，大多數人並沒有識字的需求，因為幾乎沒有可以讀的文本。識字是一種特權。直到大約 1550 年，它的反義字 illiterate（文盲）才出現。而 literate 之狀態名詞 literacy 更是遲至 1880 年之後才誕生的。因為 literacy 是「文盲」的反義詞，有人將它譯作「掃盲」，我不喜歡但也想不出更高明的中文，所以就暫用吧。

我們或許可以說：不論職能還是識字的脈絡而來，素養都是指「能力」，前者較為綜合性（知識、技能與態度），著眼於完成教育之後的整體表現，後者傾向於特指為支持專業學習所需的共同基礎（識、讀、寫、算），也關心學習的內容與過程。而且兩者都在「能力」之上，被賦予更高的原則，就是以現世生活為目標的人力資源發展。這些想法導致對於教育成效的實用觀點。在這個大原則之下，最早成形而且發揮影響力的例證，應屬歐洲語言共同參考架構（Common European Framework of Reference for Languages，簡稱 CEFR）。這一套架構很可以當作各學科「素養」的共同參照範例。

　　歐盟理事會（Council of the European Union）在西元 2001年公布 CEFR，建議不要將語言的學習視為知識的累積，而應強調其功能性（functions），亦即在真實情境下使用語言進行溝通的能力。CEFR 是一個以「能做」描述（*can-do* descriptors）界定語言能力的參考架構；它建議第二語言或外國語言的教學與評量，應該不要太專注於語言知識（linguistic knowledge），亦即對語言系統的認識，例如字彙和文法等，而要重視語用能力（pragmatic competence），亦即對語言之功能性的熟悉度，例如語言的連貫性、對言談的掌握、對各類體裁的理解等 [10]。注意語用能力是 competence 而不是 literacy，因為這裡指的是運用第二或外國語言以進行溝通的能力，包括聽說讀寫，是為了生涯或專業發展所習得的綜合性能力，而不是共同基礎能力。

　　讀者想必都有學習外語（英語）的經驗，以 CEFR 為例，應該很容易讓大家體會教育的實用觀點：不要太強調知識的本身，

而要關注現實生活中的應用。CEFR 將外語能力分成 A、B、C 三大等級（由初級到進階），每個等級在分成 1、2 兩段。舉 A2 等級（從低處算起的第二級）的閱讀「能做」描述為例：

能了解日常標誌及告示：在街道、餐廳、車站等公共場所，或者在工作場合的指標、指引、警告標誌等。[11]

九年一貫課程綱要的英文領域「能力指標」寫得就像以上描述，對照我國早期以文法、字彙為主要學習內容的英文教育，兩者明顯不同。以前的學習風格稱為學科導向，而注重實用的風格稱為素養導向。接下來，我們就用 PISA 來認識數學的素養導向評量。

PISA 評量

PISA 有三科評量內容：閱讀素養、數學素養、科學素養。從西元 2000 年起，每三年執行一次，每次評量皆有三個科目，但其中一科為主要科目。第一次 2000 年施測的主科是閱讀，第二次 2003 年著重於數學，第三次 2006 年著重於科學，第四次 2009 年的主科輪回閱讀，依此類推。PISA 2000 只在 OECD 的其中 25 個會員國舉行，例如墨西哥沒有參加。PISA 2003 則不但在全體會員國舉行，還擴充到非會員國（或經濟體），共有 41

---

11 原文是 Can understand everyday signs and notices: in public places, such as streets, restaurants, railway stations; in workplaces, such as directions, instructions, hazard warnings.

國參加。從 2006 年起，臺灣掛在中國名下參加，而在 TIMSS[12] 測驗中總是表現優異的新加坡，2009 年才開始參加 PISA 評量。

　　TIMSS 也是一種跨國標準化測驗。相對於 PISA 關心的是各國青少年在完成共同基礎教育之後的「素養」，TIMSS 的評量目的是探究教育的實施成效，所以 TIMSS 每四年一次對四年級、八年級的應屆學生施測，遇到測驗年的當屆學生將會在四年級、八年級各被抽測一次，讓人有機會探究教育的形成性成效。各國學制認定的「共同基礎教育」年段不同，OECD 無法避開差異，他們「霸道」地將受測年齡定在十五足歲；也就是說，OECD 認定十五足歲是共同基礎教育的完成年。以 2015 年的測驗為例，所有出生於西元 2000 年 1 月 1 日與 12 月 31 日之間的在學學生，不論就讀於哪一階段哪一類型的學校，皆為抽樣施測的母體。就試題風格而言，早期的 TIMSS 試題比較接近學校裡的期末考題，而 PISA 試題則為「素養導向評量」樹立了榜樣。觀察近年的 TIMSS 試題風格，則有朝向 PISA 靠攏的趨勢。

　　PISA 的測驗目的並不在於個別學生的能力評量，而在於地區性整體表現的探測，並企圖為各國教育甚至社會狀況找出問題，作為設計教育政策的參考。所以 PISA 並非普測，而是抽樣檢測，而且每名受測學生拿到的試題不盡相同，所以 PISA 的個人成績沒有互相比較的意義。PISA 首先從所有可能收容十五歲

12　TIMSS（讀作 teams）是國際數學與科學教育成就趨勢調查（Trends in International Mathematics and Science Study）的縮寫，由總部設在荷蘭的國際教育成就調查協會（International Association for the Evaluation of Educational Achievement，簡稱 IEA）主持及贊助。從 1995 年起，每四年舉行一次。臺灣從 2003 年起加入 TIMSS 評量。

學生的學校中抽樣，在臺灣的學制上包括高中、高職、國中、五專、進修補校等，在地域上也按人口比例分布於全島。被抽中的學校要交出全校所有十五足歲的學生名單，再由 PISA 用他們的抽樣公式選出 40 名受測。如果某校的十五歲學生不足 40 名，則應全部受測。但是如果某校有超過 15% 的受測學生缺席，則該校變成無效樣本。與我國大型考試不同的是，學生「應該」攜帶計算機應試。[13]

素養導向評量的範例

PISA 團隊想必瞭解「考試領導教學」的效果，在他們發表的評量結果報告中，除了闡明命題內容、評分定義與統計程序以外，並且陳述他們的教育理念。就數學而言，PISA 陳述他們的評量目標如下，這段陳述也就成為 PISA 的「數學素養」定義：[14]

> 個人在各種脈絡裡形成、使用、詮釋數學的能力。其中包括了數學推理，以及使用數學概念、程序、事實、工具來描述、解釋、預測現象。數學素養有助於了解數學在世界裡扮演的角色，也能幫助未來的公民，做出有所依據且具

13　配合108數學課程綱要的用語，此處的「計算機」是指掌上型電子計算器（hand-held electronic calculator）。以我國學生的計算能力而言，PISA試題中所需的計算量，即使不用計算機也能作答。

14　PISA的素養定義寫在其評量架構文件裡，並非一成不變，而是每隔三年便可能略作修訂。以下所引，是2012年版的定義，而那一年的主要測驗項目是數學。後來的2015、2018年PISA評量架構都沿用此定義。本文引用的部分試題來自2012年之前，但是它們所依據的數學素養概念，與此處所述相通。

反思性的判斷與決策。[15]

　　PISA 將「以數學方法解決問題」的程序稱為數學化（mathe-matisation）。數學化通常分為以下三個階段，我國的中學數學教師也都知之甚詳：

1. 第一階段是瞭解狀況並設計數學模型，例如設定未知數和寫出方程式之類的國中生功課。

2. 第二階段是單純的數學，包括了計算與演繹，在數學內部就數學模型而推論；這也是在數學課堂中投注最多時間與心力的部分。

3. 第三階段是解讀數學推論的結果，國中教師通常稱這個步驟為「寫出答案」。

　　本文特別關注 PISA 理念當中的這個關鍵詞：溝通，因為它是呼應「數學作為一種語言」的評量目標。從「數學化」的階段來看，PISA 並不關心在前端與中段的溝通問題，他們著眼於後端的數學溝通角色，這包括將數學計算或推論的結果轉譯成可以用來解決原本問題的程序或方法，也包括解釋或辯證（justification）這份結果；注意，終極的辯證就是證明（proof），但 PISA 並不認為它是十五歲青少年必須表現的數學素養。

15　原文是 Mathematical literacy is an individual's capacity to formulate, employ and interpret mathematics in a variety of contexts. It includes reasoning mathematically and using mathematical concepts, procedures, facts and tools to describe, explain and predict phenomena. It assists individuals to recognize the role that mathematics plays in the world and to make the well-founded judgements and decisions needed by constructive, engaged and reflective citizens. [11: p.75] 中文翻譯引自教育部「提升國民素養」專案報告 [12：頁 20]。

或許可以這樣解釋：如果問題已經用數學形式或清楚的情境描述寫出來，則「了解題意」這類前端的過程，需要的是一般的閱讀能力與數學本身的訓練（例如知道什麼叫做「偶數」，什麼是「積」）；而中段過程裡的數學計算與演繹，則屬於數學能力本身的訓練（例如把條列的計算寫得正確而清楚）。這兩者都可以附會地認為有數學溝通的成分，但是 PISA 更關心「以數學解決問題」的最後階段所需要的溝通能力：轉譯與解釋。

　　既然 PISA 把數學溝通放在數學化的後端，顯示他們認為數學溝通能力的發展，晚於基本計算能力與處理例行問題的能力發展。這反映在 PISA 的評分標準裡。PISA 以六等第評定學生的能力，越高越強。再仔細點兒看，其實它還有「未達第一等第」的評判，所以 PISA 的第一等第是有下界的；但是第六等第卻沒有上界，「超標」或「破表」的表現都放在第六等第。

　　第一、第二等第根本不列溝通能力的描述，從第三等第起才開始評判其溝通能力。第三等第溝通能力的描述是：能夠簡短地報告其結果與推理過程，漸次提高到第六等第：能夠精確表達其推理及省思過程，並能解釋數學結果針對原本問題的適用性。

　　據 PISA 2003 的資料，在統計的意義上，全世界有接近半數的十五歲人口達不到第三等第的數學能力，這些青少年也被認為還沒有發展數學溝通的能力。這樣的數據的確讓人憂心，可是臺灣並沒有參加 2003 年的評量。

　　此下列舉幾個 PISA 的題目和評量標準，作為具體的範例。PISA 經常使用題組的形式命題：從同樣的情境發展若干問題，漸次提高其所需的數學能力等第。以下是某題組第一小題。

◆ 第一等第例題（一）

新加坡的美琳要到南非三個月，她需要兌換新幣（SGD）與南非幣（ZAR）。當她出發的時候 1SGD＝4.2ZAR，她兌換 3,000 新幣，問拿到多少 ZAR？

能夠回答以上試題的學生，被認為具備第一等第的能力。以下是同題組的第二小題，層次提高了一點點。

◆ 第二等第例題（一）

當她回來的時候，要換回剩下的 3,900ZAR，但匯率變成 1SGD＝4.0ZAR，問她能換回多少新幣？

能夠回答第二小題的學生，被認為具備第二等第的能力。第二小題被認為層次較高，可能是因為第一小題只需乘法，第二小題則需要除法或比例想法。另外請注意：PISA 評量准許學生使用計算機，就第一、第二小題而言，我國的學生應該都能筆算或心算，但是若能用計算機，是否更容易解決問題？同題組的最後一個小題如下。

◆ 第四等第例題

這三個月的匯率從 4.2ZAR 變成 4.0ZAR，使得美琳獲益還是

損失？書寫回答並需說明理由。

能夠回答第三小題的學生，被認為具備第四等第的能力。此題很明顯具備數學溝通的內涵，而且顯示 PISA 測驗有「非選題」，故 PISA 需要人工閱卷，而全世界需有共同的閱卷規準。這是 PISA 執行面的挑戰之一。[16]

以上題組，就數學內容而言屬於「數與量」，這是我國學生的強項之一。而我國的弱項是「不確定性」（uncertainty），也稱為數據分析或機率統計。雖然從國小到高中都有機率、統計的課程，但是我國的教材很習慣把機率、統計當作代數來命題，若不是思考的層次很低（例如單純報讀數據），就是思考的方法為代數而非不確定性（例如調整兩個數據，問整組數據的平均數或標準差變化情形）。現在特別舉兩個 PISA 的「不確定性」試題，看看所謂高層次的不確定性思維是什麼意思？

◆ 第五等第例題

以下圖表顯示 A、B 兩組學生的測驗成績，50 分為通過測驗的門檻。因為 A 組平均 62.0 分而 B 組平均 64.5 分，老師說 B 組表現較優。如果妳是 A 組學生，該怎樣辯駁，說明其實 A

16　以上三小題的題組出自 PISA 2006 釋出試題 [13：頁 51-52]，筆者翻譯。

組較優？[17]

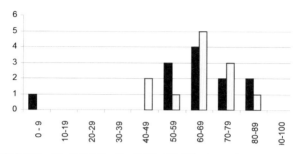

（黑色表示Ａ組，淺色表示Ｂ組。橫軸為測驗成績分組，縱軸為學生人數。）

　　如果學生能夠指出 A 組有一筆離群（outlier）資料，或者說 A 組通過測驗的人數比較多，則被評定為第五等第的數學能力。此題也明顯具有數學溝通的內涵。

◆ 第六等第例題（可降為第四等第）

　　某電視播報員展示右側圖表，並說「這張圖顯示 1998 至 1999 年間的搶劫犯罪數量暴增」。請問播報員的說法是否為這張圖的合理解讀？[18]

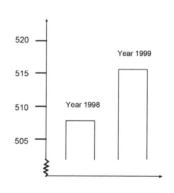

17　此題出自 PISA 2006 釋出試題 [13：頁72]，筆者翻譯。
18　此題出自 PISA 2006 釋出試題 [13：頁34]，筆者翻譯。

如果學生能夠轉換成比例觀念，或者辯論是否暴增要看更多年的數據來判斷趨勢，以指出播報員的不合理，則被認為具備第六等第的數學能力。這也是一道需要數學溝通能力的問題。

　　但是，如果學生不能採用相對增加率的數學語言，而僅在絕對數值上反駁，例如說：「只在五百多件當中增加了八件左右，並不算『暴增』。」則可被列為第四等第。由此可見 PISA 的閱卷容許部分分數，這也就是全球一致的閱卷規準中需要處理的細節。

　　後面將要關心臺灣的數學低成就學生，所以再多看兩個第一、第二等第的示範例題。

◆ 第一等第例題（二）

　　一月份，銀河樂團和動力袋鼠樂團發行了新光碟。二月份，小甜心樂團和鐵甲威龍樂團也發行了新光碟。下圖顯示這些樂團由一月至六月的光碟銷售量。

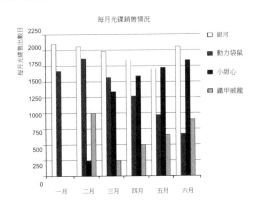

在哪一個月份，小甜心樂團的光碟銷售量首次超過動力袋鼠樂團？[19]

A) 沒有任何月份　B) 三月　　C) 四月　　D) 五月

　　相信很多讀者同意，按照臺灣國中數學的標準，這根本不能算是一道數學題。

◆ 第二等第例題（二）

　　小清剛獲得一輛新單車，單車的手把上有測速器。這個測速器可以讓小清知道，她騎單車的距離以及路程的平均速度。

　　在一趟旅程中，小清在前10分鐘騎了4 km，接著的5分鐘騎了2 km。下列哪一個敘述是正確的？[20]

A) 小清前10分鐘的平均速度比後5分鐘的平均速度快。

B) 小清前10分鐘的平均速度比後5分鐘的平均速度相同。

C) 小清前10分鐘的平均速度比後5分鐘的平均速度慢。

D) 從上述資料無法判斷小清的平均速度。

　　這個題目雖然像是個數學題了，但是至少在都會型的學校裡，它可能屬於小學五年級。PISA 確實也說，第一等第的數學

19　此題出自 PISA 2012 釋出試題 [14：頁8-9]，由臺灣 PISA 國家研究中心翻譯。
20　此題出自 PISA 2012 釋出試題 [14：頁21]，由臺灣 PISA 國家研究中心翻譯。

能力（若不考慮語文上的需求），應該在小學二、三年級即可具備。請注意 PISA 的評量目的並非學校裡的學習成效，而是完成國民基本教育之後的能力表現，所以它的確可以評量小學程度的問題。

以下三節將討論 PISA 給我們的啟示。

啟示一：考試時間不宜太短

每位參與 PISA 評量的學生，受測時間長達三個半小時：包括學科試題 120 分鐘，以及調查問卷 35 分鐘。

十二年國教前，做為臺灣高中「入學考」的基本學力測驗（基測），大約所有十五歲學生皆參加，該測驗每科進行 70 分鐘。十二年國教實施之後的國民中學畢業會考，數學科的考試時間定為 80 分鐘。我不知道其他科目能否在七、八十分鐘的限制條件下，設計一份涵蓋各種不同深度與全部測試範圍的試卷？但我肯定數學科辦不到。筆者（還有許多同仁）希望考試的時間能夠再長一點，讓題目的數量可以稍微多一點，這樣每一題的份量可以減輕一點，一份試卷中所能涵蓋的深度與廣度也都可以更周全，而學生在「反應速度」上的壓力也可以比較輕。但是主事者常謂時間太長的考試不易實施，而且學生的體力無法負荷。

延長考試時間的呼籲，在大學入學考試方面更為殷切，許多高中教師想要為數學科指定考試多爭取十分鐘仍不可得，而高中畢業生已經來到了十八歲的青年階段。到底臺灣的國民體能可不可以負荷較長的考試時間？不必舉其他國家的例子，眼前的

PISA 測驗（僅試題部分就要 120 分鐘）就已經為我們做了一次全國性的抽樣調查。不知道我國學生在 PISA 考試當中，有多少比例「撐不完」120 分鐘的考試？ PISA 報告沒提這項數據，顯然 PISA 並不認為「十五歲少年能不能接受 120 分鐘測驗？」是個需要探討的問題。許多數學教師相信，適度延長考試時間並配合調整命題策略，可以有效降低數學考試的焦慮、矯正數學解題拼速度的積習，同時對每一能力層次與性向特徵的學生都具有測驗的效度。

啟示二：超大標準差的警訊

PISA 評量的目的絕不是替世界各國做個數學大競試的排名，而是要做橫向（國際）與縱向（每三年一次）的比較，並為各國提出可能在教育政策上需要留意的問題。很不幸地，至少臺灣的媒體只注意我們的「國際排名」，也會誇耀我們的「平均」分數有多高等等。其實 PISA 並沒有評分的概念，它公布的各國「分數」並不是考生獲得的平均成績，而是經過統計計算而得的量尺數據。為了讓跨國跨年度的評量結果可相比較，這些數據經過等化處理，全部放在一把量尺上。該量尺的「理論」平均值為 500。

我們在所有的統計課程中，總是諄諄告誡學生：比較數據時，不能只看平均數，如果只看平均數甚至可能誤導判斷。經常跟平均數配合在一起解讀的數據是標準差。標準差代表數據的分散程度：標準差越大，表示數據的分布越懸殊。

PISA 2006 數學科前四名國家的平均分數，其實都在伯仲之間，在統計上並無顯著分別，依序是第一名臺灣 549，第二名芬蘭 548，香港和韓國同分 547 並列三、四。前四名和第五名荷蘭（531）就有顯著差別。PISA 量尺的「理論」標準差是 100。在前四名裡面，芬蘭的標準差最小：81，香港和韓國都是 93，而臺灣最大：103。而且臺灣的標準差，是 PISA 2006 數學測驗中排名第三高的標準差！當年全世界受測各國的實際標準差，平均只有 92，低於 PISA 的理論預期。這個數據吻合了臺灣人對於數學、英文考試成績的一般印象：成績分布有雙峰化（M 型化）的趨勢。PISA 2006 的數據並沒有顯示雙峰現象：低成就的比率並不像高成就那麼高，但至少提示我們：相對於其他國家，我們更需要注意在數學教育中落後的學生。

　　筆者在 2008 年為文提出以上現象，希望數學教育同仁該要有所因應 [15]。可是臺灣在 2009 年的標準差卻繼續「進步」成為世界第一高。因為 2006 年和 2009 年的主要測驗科目是科學和閱讀，我們還可以說數學評量數據不太精確，僅供參考。但 2012 年的主要測驗科目就是數學了，我們不能再迴避這個事實：我國十五歲國民在 2012 年的 PISA 數學評量中，所得量尺分數的標準差維持世界第一高，而且遙遙領先第二名；國科會（後來改制為科技部）的報告也說：「……標準差 116，相較第二高的國家（105）有明顯的差距」。據此報告，「我國應試樣本包含 163 所學校（包括國中、五專及高中職），實際參與評量學生為 6,037 名，淨出席率達到 96.1%，評量參與情況良好」。所以我們應該對 PISA 的統計數據有足夠的信心。

下圖並陳上海、香港、韓國、日本、臺灣 2012 年 PISA 數學評量的各等第分布。[21] 圖中有七叢長條圖，其橫坐標 1、2、3、4、5、6 依序表示評量表現落在第一、二、三、四、五、六等第之數學能力的範圍內（第六等第沒有上限），而 0 表示未達第一等第。每一叢裡面的五條長方形，左起依序代表上海（中國在 2012 年僅以上海市參加評量）、香港、韓國、日本、臺灣。縱軸表示各地區受測學生在 PISA 2012 各等第的百分比；因為關注的是 0, 1, 2 的相對比例，所以裁切了 25% 以上的部分。

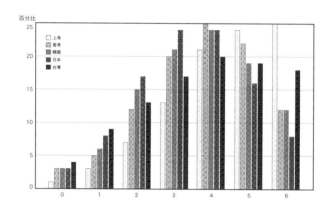

　　從上圖的 6 那一叢，可以推論上海和臺灣的「超標」學生特別多。這群學生是讓臺灣在 2012 年站上第四名的「功臣」（但 PISA 2012 的官方報告指出，名列三、四、五的香港、臺灣和韓國，它們的量尺分數在統計上並無差異）。但是再看看 0 和 1 那兩叢，就是我們那「世界第一高標準差」的根源了；在這兩叢裡，

21　此圖由筆者根據 PISA 2012 官方報告 [16：頁 320] 的數據資料繪製。

臺灣學生的比例最多。

　　讀者已經在前面看過第一等第的問題有多麼基本，臺灣卻有 4% 的學生連這樣的問題都不能（或不願）解決。我們有 9% 的學生能夠回答這類問題，因此達到 PISA 的第一等第數學能力，但是無法達到第二等第。從前面的例題看得出來，第二等第的問題，大約是我國五、六年級學生的數學學習內容。數學教育同仁有個不成文的「常識」：臺灣的小學生，有最大比例從五年級開始放棄數學。PISA 的數據吻合上述常識。把 0 和 1 兩叢的數據加起來，顯示臺灣有 13% 的少年未達第二等第的數學素養；我國的「未達第二等第」比例，在世界排名第十（從高排到低），在東亞國家之中排名第一。

　　那麼，我們該如何因應這個問題呢？所謂「山不厭高，海不厭深」，我們應該不至於嫌第六級的學生太多而想要自廢武功。更何況 PISA 測驗的素養導向問題，應該讓大家相信這些得高分的少年並不是被填鴨的書呆子，而是有能力活用數學解決實際問題的人。對於數學教育已經做得很好的這一部分，我們應該盡量讓它維持著。

　　我們須要設定的任務，是降低未達二等第的學生百分比。這個問題切忌病急亂投醫。有一種議論是說數學太多或者太深，要把課程改得更淺；但是這樣做就好像要長得高的人截斷脛骨以降低身高一樣，實在不可思議。比較可行的是全面性而且對症下藥的補救教學。政府、數學教育同仁以及民間許多熱心與善心人士，已經為此任務展開了行動。雖然個別的加強或補救行動傳出令人振奮的消息，但是從 2015 年的 PISA 評量實徵數據來看，

這些行動還沒有立刻顯示成效 [17]。[22]

本文提出兩項建議。第一，課程綱要本身就可以將「核心層次」設計在內，幫助提高補救教學的效率。舉國中一年級面臨的第一個課題為例：負數。負數是相當基礎的數學語言，沒有負數就不能解一般的二元一次聯立方程，也不能在坐標平面上畫出完整的方程式圖形，可見負數真的很重要。但是，大家不妨打開 PISA 的範例題庫，看個仔細，究竟有哪幾題須要用到負數？幾乎沒有。在絕大多數的實際情境問題裡，只要知道（正的）小數減大數得到負數的演算法和解讀方式就夠了。可見就連「負數」這麼基礎的內容，都可以有課程設計的層次之分。如今的課綱不分層次，使得補救教學缺乏可取捨的參考標準，也使得國中畢業會考的等級標準缺乏參照。課綱如果能夠分出層次，可以協助解決上述兩種問題。[23]

第二個建議已經是老生常談，但也是我們長期的痛：為什麼數學教育始終排斥資訊工具（包括計算機）？！人人都知道，機械工具是體力的輔具，它讓我們跳得更高、跑得更快、舉得更重。而資訊工具則是腦力的輔具，它幫助我們算得更準更快、記得更多、傳播更廣。用機械工具對體力的輔助來類比資訊工具將

22　特別要向國立臺灣師範大學「數學教育中心」的團隊致敬，他們的「數學奠基活動」致力於前述任務，獲得很高的成效。此活動的「奠基」者，林福來教授，是臺灣最具領導地位的數學教育學者，他在六十五歲之後還持續懷抱著熱情，投入「奠基活動」的開發與創始工作。

23　順便說一下國中畢業會考。目前的三等第畫分得實在太粗，可參考 PISA 的等級描述與畫分範例。所謂「待加強」在理念上應該是未達國中階段最低標準的意思，它應該大致對應 PISA 的「未達第二等第」或者「未達第三等第」。而且，在會考中被評判為「待加強」的學生，務必要有幫他/她加強的資源。

能提供的腦力輔助，就可以戰慄地想像，我們因為拒絕這些工具而侷限了多少的腦力資源！對於已經能夠勝任現行課程的學生，倒是無所謂；但是對於需要補救的學生而言，從課堂學習到解決實際問題，我們對資訊工具有明顯而迫切的需求。

縮小 PISA 分數標準差或者降低未達第二等第的學生比例，並不是為了臺灣爭取更高的國際排名，而是為了全體國民的福祉，更是為了我們共處的這個社會裡的每位公民，都有基本的數學素養，得以有效地參與社會公共議題的討論和決策。這是我們一定要達成的任務，但是絕對不能用削足適履（降低全體學生的學習內容）的方式來達成這項任務。

啟示三：教育機會的不公平現象

大的能力分布標準差並不直接等於社會的不公平。但是如果高成就的那一群總來自於某種社經地位的家庭，而低成就那一群總來自於另一種家庭，那就是更值得留意的警訊了。PISA 也透過調查問卷做了這方面的統計。PISA 提供一份量表，顯示學生表現與其家庭之社經文化地位的相關程度。在這裡，高相關性可以被解讀為社會的流動性較低，而低相關性則可以被解讀為憑著個人天賦或努力而成功的機會較為均等。再簡化一點兒說，高相關性代表教育機會的低公平性。

在 2006 年的 PISA 報告中，臺灣的數學教育公平性處於上述量表的中間，不算高也不算低。但值得留意的是，韓國、日本、香港和澳門，甚至於歐洲的芬蘭和瑞典，都有比我們更低的

相關性。臺灣在這方面和歐洲的英國、奧地利、瑞士等國屬於同一等級，但是我們的國力與社會福利能否與這些歐洲國家並駕齊驅？這是大家都可以想想的問題。

到了 2012 年，隨著我們的數學評量成績的標準差從「第三高」攀升到「遙遙領先的第一高」，臺灣在這份「教育機會公平性」的量表上，也同時顯出更嚴重的病症。從 2006 到 2012 這六年，英國藉由政策手段大幅降低了他們的教育不公平性，而臺灣卻讓這個情形持續擴大。

下圖是取自 PISA 2012 焦點報告的二維數據散布圖 [18：頁13]，每個菱形代表一個受測國家，縱軸表示其數學平均成績，而水平線畫在全世界平均分數之處。橫軸表示學生之家庭社經地位佔其 PISA 數學成績的解釋度（百分比），而鉛直線畫在全世界平均百分比之處。

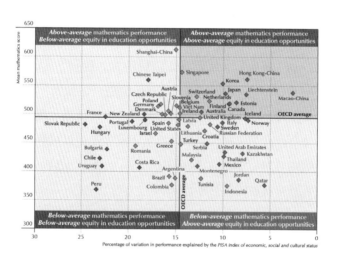

觀察上圖，在鉛直線的右邊代表（數學）教育機會比較公平，在左邊就代表教育機會比較不公平。我們很清楚地看到，臺灣（Chinese Taipei）落在鉛直線的左邊，我們的教育不公平指標，甚至大於新加坡、香港、美國、英國這些印象中高度競爭與高度分歧的地區。美國和新加坡的公平性指標大約落在平均值上，而香港、澳門、日本和南韓的公平性都遠高於平均。仔細想想，高度的競爭壓力並不代表「不公平」，個人的「機會公平」與社會的競爭壓力，並不互相違背。而前面說過的標準差數據，也顯示臺灣的（數學素養）分歧性，其實遠高於一般人認為社會差異很大的英國和美國。

　　造成臺灣數學教育機會不公平的原因當然很多，但筆者認為「減少數學課程時數」是最主要的罪魁禍首。剝奪了全體國民公平獲得教育機會的時間，按邏輯推論，若不是縮減整體的法定學習內容，就必須縮短學習熟成的時間。但是國小和國中階段數學內容已經很少再縮減的空間，世界同儕國家在基礎教育階段的數學學習內容，其實跟我們差不多一樣。[24] 所以就必須縮短學習的熟成時間。

　　照邏輯推理，缺乏熟成時間應該使全體學生的學習成效都略微下滑才對。但 PISA 評量結果顯示，平均而言臺灣學生的數學能力並沒有下降，因此必然注入了其他資源。什麼資源呢？既然課內時數不足，注入的當然就是課外學習的資源，包括補習、家

24　在「數與量」和「代數」內容方面，國際數學課程比較的結果是差不多的。在「幾何」方面，我國的平面幾何略多一點。前面說過，我國的「不確定性」內容較少，而且品質有待提升。

教、家學淵源、私立學校的加課等等；不論哪一種，都須有「家庭社經地位」的介入。

自從 2000 年「九年一貫課程」開始，臺灣課程刻意貶低數學作為基礎工具學科（也就是 literacy）的角色，只保留語文領域的基礎工具的地位，讓它們佔 20% 到 30% 的上課時數，可是數學卻要跟其他五個學習領域平分上課時數（各佔 10% 到 15%）。直到現在，刻意想要刪減數學時數的主流論述是：數學科的教學與評量內容不當，造成太多學生的痛苦。

前面說過國中小的數學課綱經過十幾二十年的一刪再刪，現在已經幾乎無可再刪。現在四十歲以上的家長，翻開國中小的數學課本，都會驚覺怎麼「這麼簡單？」。任一位在知識經濟領域內工作的家長，將國中會考的數學考卷比對她 / 他當年參加高中 / 五專聯考的數學考卷，必定同意現在題目簡單太多了。既然如此，為什麼社會上還有那麼激烈批評數學太難的意見？那或許是因為畢竟存在部分的數學教師，不顧學生的認知發展而一昧增加課綱以外的「傳統」數學教材，也不顧會考方向的改變而在考卷裡一昧以曲折的難題或陷阱來刁難學生，更不准學生使用計算機來對付複雜的筆算。

對於前述不當教學與評量的數學教育現況，我們只能承認有罪。可是，用刪減全體學生的數學受教時數來處罰數學學科，卻是罰錯了人。受罰的反而是最需要幫助的學生：那些數學性向可能不太強，而家庭社經地位又不容易提供課外資源的學生。這個弔詭的數學教育罪與罰，需要雙方面同步解決。一方面，數學教育同仁要整體改善自己的教學與評量品質，讓社會大眾相信，把

上課時數還給數學老師，會提高學生的學習成效，節省課外補習的開銷，而不會造成更多的痛苦。另一方面，教育行政單位應重視數學作為素養（literacy）的基礎工具角色，讓數學和語文領域都分配到較高比例的學習時間。

結語：才能天賦 vs 人定勝天

本篇透過西方的職能脈絡以及識讀脈絡，來理解他們對於數學教育，乃至於整個國民基礎教育的態度，並作為我們自己現況的參照。最後再補充一個中、西文化上的差異，它也造成我們對教育的態度差異。西方文化中對於上帝的信仰之情，跟我們對於佛教、道教、民間信仰裡神明的信仰之情，其實並不相同；這導致某些西方人說中國人「沒有信仰」。本文無意深論信仰議題，只想要指出英文稱特殊才能為「禮物」（gift），具此才能的人是「受贈者」（gifted）。誰給的禮物？上帝。誰得到禮物？誰沒有？都是「主」的安排，不關凡人的事。如果某人缺少數學天賦而學得比較慢，甚至比較早達到瓶頸，在他們的文化裡，不認為那是誰的「責任」，而就只是一個事實而已。

相對地，華人文化基本上相信勤能補拙、人定勝天。只要功夫用得深，山可以被搬移，鐵杵可以磨成繡花針，就連青蛇和白蛇都能修練成美女。（我這麼說只是陳述，並沒有評價的意思。）孔孟本來就讚美勤學，但可能是在理學發展之後，勤學能克服先天不足的信念更加深刻地編織在我們的文化裡，透過日常話語傳播到每個中文母語者的心裡。第 6 篇說過中國傳統較少強調數學

創造性的一面，而將它視為「定法」，意即每一類型的問題有它對應的解法；第 7 篇又說中文一字一音的特徵以及內建的十進制數字系統，使我們較為輕鬆地掌握了計算，卻可能降低了思考計算的深層意義的機會。如果您相信維果斯基（Lev Vygotsky, 1896-1934）的心理學理論，就會相信經由語言和言談所建構起來的社會環境，在一般人毫無所察的情況下形塑了個人的思維，而這些受社會環境引導塑造的個人思想，又集合起來形成社會環境。在華語文化的社會裡，乃至於擴大到所謂「儒家文化圈」的韓國、日本、越南，人們傾向於相信：數學學不好是因為不夠努力，學生和教師皆須為此負責。此外，我們也傾向於把計算和數學畫上等號；因此，世界上堅守計算機不得進入數學教室的最後一道防線，就在中國、韓國、日本和臺灣。

我們應該安於接受我們所生的文化，就像我們也該安於接受我們所生的家庭。我們不可能快速扭轉全部人的語言和言談，也不可能立刻改變文化。就算在物質上打倒了誰人的塑像，拆毀了誰家的店門，語言和文化仍然籠罩著我們。然而知識之所以給我們力量，教育之所以讓我們自由，皆因為使我們在理所當然的日常生活裡，看清緣由和脈絡，而有更多的機會解開身心的枷鎖。本文試圖在很窄的範圍裡分享西方「素養」教育觀的發展脈絡，希望對於我們的數學教育，乃至於教育，有點幫助。

前面說了西方傳來的「素養」職能觀與掃盲觀，並將之籠統解釋為教育的實用主義表現。在我們自己的語言文化裡，素養是指平常就能表現出來的學識或能力，而言下之意又特別指當事人專業以外的成分；例如我們通常不會稱讚一名數學教授的數學素

養很好（也許會讚許她／他的數學造詣很好），而如果這位數學教授具備較多的音樂常識，甚至能拉小提琴，我們就會恭維他／她的音樂素養很好。下一篇的主人翁，是一位以文學為專業，在作品中表現出數學素養的日本作家。

延伸閱讀或參考文獻

[1] 單維彰，〈PISA 面面觀——國際數學評量中的臺灣（一）〉，《數理人文》3，22-30，2015。

[2] 單維彰，〈素養、課程與教材——以數學為例〉，《教育脈動》5（電子期刊），2016。取自 http://shann.idv.tw/article/naer2016.pdf

[3] 單維彰，〈中學數學教育的半世紀回顧及其啟示〉，《教育研究月刊》294，4-18，2018。

[4] 陳梅生口述，董群廉、陳進金訪談撰稿，《陳梅生訪談錄》，國史館，2000。

[5] 單文經，〈美國新社會科運動及其有關教材改革計畫評析（1950-1970 年代）〉，《教科書研究》12 (1)，69-109，2019。

[6] David McClelland. Testing for competence rather than for Intelligence. *American Psychologist*, 28 (1), 1-24, 1973.

[7] 李嘉哲、鄭晉昌，〈管理職能模型之建置——以 A 公司為例〉，論文發表於第十四屆企業人力資源管理實務專題研究成果發表會，2008。

[8] D. S. Rychen and L. H. Salganik (editors). *Key competencies for a successful life and a well-functioning society*. Cambridge University Press, 2001.

[9] 吳清山，〈發展學生核心素養提升學生未來適應力〉，《研習資訊》28 (4)，1-3，2011。[25]

---

25 《研習資訊》雙月刊創刊於 1984 年，後來改名為《教育人力與專業發展》，然後併入《教育脈動》電子期刊，最後在 2019 年停刊。《研習資訊》第 28 卷第 4 期是「核心素養」專輯，刊登吳清山、蔡清田、洪裕宏的文章各一篇，是將職能脈絡的

[10] Council of Europe. *Common European framework of reference for languages: Learning, teaching, assessment.* Hogrefe & Huber, 2003.

[11] OECD. *PISA 2018 assessment and analytical framework.* OECD Publishing, 2019.

[12] 李國偉、黃文璋、楊德清、劉柏宏，《教育部提升國民素養實施方案──數學素養研究計畫結案報告》，教育部，2013。

[13] OECD. *PISA released items – mathematics.* Web document, 2016. Retrieved from www.oecd.org/pisa/38709418.pdf.

[14] 臺灣PISA國家研究中心，〈數學樣本試題二（中文版）〉網路文件，2018。取自pisa.nutn.edu.tw/download/sample_papers/2018/PISA2018math.pdf。

[15] 單維彰，〈從PISA 2006看教育問題〉，《科學月刊》458，92-93，2008。

[16] OECD. *PISA 2012 results: What students know and can do – Student performance in mathematics, reading and science* (Volume I). OECD Publishing, 2013.

[17] 編輯部，〈PISA 2015與TIMSS 2015：再看國際數學評量中的臺灣〉，《數理人文》11，6-7，2017。

[18] OECD. *PISA 2012 results in focus: What 15-year-olds know and what they can do with what they know.* Web document, 2014. Retrieved from www.oecd.org/pisa/keyfindings/pisa-2012-results-overview.pdf.

核心素養概念引進臺灣教育領域的重要歷史文獻。該期全文可由以下網址取得：
https://pulse.naer.edu.tw/Home/HistoryFiles/33cc526b-eeb6-4820-ac81-ad95d3079c45?
itemId=4b53bf15-4c44-4206-b04e-9a7d79ce0f52&year=2011

10

一部小說——博士熱愛的算式

　　將數學情節、數學人物寫進虛構、半虛構或傳記文學裡的出版品，越來越豐富；目前涵蓋最深最廣的介紹性專書，當屬洪萬生教授的「閱讀筆記」[1]。國內以詩文創作或閱讀心得寫作為媒介的數學教育活動，也有越來越蓬勃的趨勢，已知的大規模活動包括國立勤益科技大學的「文以載數創作獎」，國立臺灣師範大學數感實驗室的「青少年數學寫作競賽」，以及國立臺灣大學科學教育中心主辦、台積電贊助的「青年尬科學」。數學與文字創作的「跨界」結合，是將數學視為一種語言的自然延伸，也是「做數學」與「編故事」這兩條文化創作的交疊，可能同時拓展雙方的視野，同時具有語文和數學教育的意義，也具有通識教育的內涵，更是將數學思維融入文化之中的嘗試。

　　本書第 3 篇就以一部展現數學思維的虛構故事為主題，但是那一部經典作品是數學家的「業外」創作，其內容並沒有數學情節。本文要介紹一部當代小說，它的主要角色包含數學學者，而

且數學是構成情節的主要元素，堪稱洪萬生教授所謂「數學小說」的典範之一。這是日本女作家小川洋子原著，臺灣的專業譯者王蘊潔中譯，麥田出版的《博士熱愛的算式》。[1]

引進數學情節的虛構故事

《博士熱愛的算式》不是數學科普書籍，談的並非數學知識，甚至也稱不上數學欣賞，它是一部與數學的人情和知識有關的虛構故事。「博士」是小說裡四個角色之一，他是一位因為意外而提早退休的數學教授。博士熱愛的算式，就是所謂數學中最美的等式：

$$e^{i\pi} + 1 = 0$$

讀作「e 的埃拍次方加壹等於零」。[2]

即使讀者不懂得這條等式到底「美」在哪裡，也能欣賞小川洋子這部小說。肯定有廣大的讀者對這個故事發生共鳴，否則它不會同時為小川洋子贏得日本歷史悠久的讀賣文學獎（第55回，2003）以及新創的第一屆本屋大賞的第一名（2004），又被改編成同名的電影，在2006年登上院線。在臺灣，中譯的版本想必

1　本文第一節主要取自筆者已經寫在民國96年8月號《科學月刊》之「數‧生活與學習」專欄裡的內容。該篇讀書心得承蒙洪萬生教授收錄於「臺灣數學博物館」，全文仍存放於舊館的「深度書評」區，可自以下網址取得：http://mathmuseum.tw/old/fulltext/008_1230084044.pdf。
2　因為英文字母e的讀音與中文的1同音，在口語上易生混淆，所以筆者在授課時總是跟學生約定，此常數採用德語發音：せ。

也有相當多的讀者，否則書店不會印到第三版。

故事的第一段話就把我吸引住了：

> 我和兒子都叫他博士，博士則叫我兒子「根號」，因為兒子的頭頂平坦得像根號。「哇，裡面應該裝了一個聰明的腦袋。」博士摸著兒子的頭說道，絲毫沒有發現把兒子的頭髮都弄亂了。兒子充滿警戒地縮著脖子，他不喜歡同學拿這件事和他開玩笑，所以平時整天戴著帽子。「只要使用根號，就可以給無窮的數字、肉眼看不到的數字一個明確的身分。」

「一般讀者」可能還記得根號的形狀（$\sqrt{\ }$），因此對博士說的話會心一笑。可是「數學讀者」卻有更深一層的感動，因為大多數用根號表示的數，用十進制小數來表達時，都有無窮多位（而且並不循環），所以除非使用根號，根本就不能表達它們；相反地，一旦使用根號，例如$\sqrt{2}$，就不必理會那些無窮多位的小數，而明確知道它就是某個平方之後等於二的正數。另一方面，像$\sqrt{2}$這樣的「非有理數」，在稠密的有理數畫成的數線上，其實造成一個空隙。但是有理數線的空隙，是肉眼無法觀察，只有心靈才能洞悉的。因此，根號為這些肉眼看不到的數，一個明確的身分。

小說的要旨，是讓讀者藉由情節的沉浸而深度同理別人的感情。讀一部動人的小說，我們就好像在另一個時空裡，經歷了另一段人生。我們即使將這部作品稱為「數學小說」，重點仍是小

說而不是數學，所以並不會苛求情節內容的數學知識。即使如此，相對於西方的類似作品只能觸及數學的想像，或者只能影射或暗指或引用數學作為人物間談話的元素，這部小說卻大膽地寫進了「真正的」數學。這是小川洋子讓我們這一小群「數學讀者」最佩服之處。同時，我們也得佩服日本讀者的數學素養。前面舉的例子顯示，在小說開場的第一頁，作者就顯露了她的數學素養。

小川洋子跟我同年同月出生，從大學起接受了完整的文學教育，所以她可能自從高中畢業之後，就不曾正式學習數學。但是，可能日本當年的中學數學教育相當嚴謹，也可能小川洋子本人自我提升了她的數學素養，所以她寫在小說情節裡的數學，明顯深過歐美的作者。或許，強迫而深入的日本數學教育，在這位文科大學畢業生的身上留下了良好的根基，在她年近四十的時候開花結果，寫成這部成功的小說。對於文學和藝術工作者而言，四十歲可能才剛開始成熟，所以現在討論《博士熱愛的算式》是否為小川洋子的「生涯代表作」還嫌太早。我個人希望不是。

故事裡「真正的」數學就一定需要真正的數學知識才能欣賞嗎？絕對不是的。如果日本的廣大讀者能夠受感動，臺灣的讀者應該也可以。書中第一人稱的敘事者，是一位三十出頭、年輕時曾經輕狂而輟學的單親媽媽，可能是因為沒有完成學業而以管家為業，獨立撫養兒子。讀這本書所需要的數學知識，就像這位管家一樣，只要中學肄業，外加一顆清醒的頭腦和一副還沒死絕的好奇心即可。

以下再舉兩個真正數學的例子。

一億以下共有5761455個質數嗎（這是女管家的電話號碼）？誰會記得這種數字？誰會想到用這個數來作文章？出於好奇，我用電腦軟體計算第5,761,455個質數（2是第一個質數），得到99,999,989，也就是一億減十一，而下一個質數是100,000,007：一億零七。所以確實一億以下共有5,761,455個質數。

220和284是一對友誼數（amicable numbers）；意思是說220的真因數之和等於284，而284的真因數之和等於220。[3]三位數以內的友誼數就只有這一對，可見友誼真是難得啊。（這兩個數恰好是博士和女管家各自一件紀念品的編號。）用電腦程式尋找更大的友誼數，發現更大的友誼數有[1184, 1210]、[2620, 2924]、[5020, 5564]、[6232, 6368]、…。「自我友誼」的數，也就是真因數之和等於自己的正整數，稱為完全數或完美數；它們依序是6、28、496、8128、…。

記憶著愛情的等式

博士是一位數學教授，四十七歲時發生一場車禍，造成奇特的腦神經損傷：車禍以前的記憶都留著（所以他的數學知識都保存了下來），邏輯推理能力也都正常，但是對於車禍以後的經驗，他只有八十分鐘的記憶。他跟管家（和所有人）的關係，都

3　所謂一個正整數的真因數，是除了本身以外能將自己整除的其他正整數。例如2、3、5這些質數的真因數都只有1，而4的真因數有1、2，至於6的真因數就有1、2和3。

得靠著貼在身上的便利貼以及邏輯推理來維持。想像這樣的情況：根據便利貼，眼前這個陌生的小孩，我應該已經認識他一年半了，我們幾乎每天一起吃晚餐，我看他的功課，教他數學，我愛他如自己的兒子。今天是他的生日，今天應該送來一塊生日蛋糕，我買了一副棒球手套給他當作生日禮物，放在樓梯下面右邊的櫃子裡，我們曾經一起看棒球。他必須依靠這種文字記錄，去愛一個其實他當下並不認識的小男孩。他身旁的人在自己的心裡累積了跟他親近生活了十八個月的關心和愛，但是每天早晨，他都是第一次跟自己見面。需要雙方多麼努力地堅持，多少耐心與愛的支持，才能維持這樣的感情啊？

小川洋子並不打算在小說裡解釋數學中最美的等式，而是用它作為一只溝通的象徵。等式出場的情節是：博士不確定眼前發生了什麼事，但是憑觀察和邏輯他知道發生了感情方面的糾紛。他想必記得他和嫂子之間的過去，他們可能曾經約定過一種「最後通牒」，在雙方最為堅持不下的時候，他如果決定拿出這條代表了至高無上的美、如神蹟般令人崇敬的美的等式，就表示他的決心，也表示請她原諒或請她接納。

這條等式的意義超過了女管家的能力範圍，但是她的人性與本能彌補了知識的不足，越過數學的知識而直接跟隨博士愛上了這條等式。但是，這一次，她卻倔強地決心自己弄懂這條等式的意義，而不直接問博士。因此她到圖書館找資料，不知道自學了多麼長的時間，有一天，她徹底懂了。小說描寫了她終於搞懂之後的心情，對我這個數學老師來說，這是全書的高潮：

沉重的書本讓我的手麻痺了，我甩了甩手，重新翻開書本，腦海裡想著這位十八世紀最偉大的數學家，雷奧哈德爾‧歐拉。[4] 我雖然對他一無所知，但手拿這個公式，我覺得自己可以感受到他的體溫。歐拉用了這個極不自然的概念，編織出一個公式。他從這些看似毫無關係的數字中，發現了彼此之間自然的關聯。

e 的 π 和 i 之積的次方再加上 1 就變成了 0。

我重新看著博士的紙條。永無止境地循環下去的數字，和讓人難以捉摸的虛數畫出簡潔的軌跡，在某一點落地。雖然沒有圓的出現，但來自宇宙的 π 飄然地來到 e 的身旁，和害羞的 i 握著手。他們的身體緊緊地靠在一起，屏住呼吸，但有人加了一以後，世界就毫無預警地發生了巨大的變化。一切都歸於零。

歐拉公式就像是暗夜中閃現的一道流星；也像是刻在漆黑的洞窟裡的一行詩句。我被這個公式的美深深地打動了，再度將紙條放進票夾。

走下圖書館的樓梯時，我回頭看了一下，數學書籍區仍然沒有一個人影，一片寂靜，沒有人知道那裡隱藏著多麼美的事物。

4　我們在第 5 篇介紹過這位歐拉（Leonhard Euler, 1707-1783）。

不禁佩服這位日本女作家，是怎樣的數學素養和文學修為，讓她對一條數學等式寫出如此溫情的描述？她的描述不是氾濫的字面聯想，而是基於真正的數學。

閱讀這部小說是一個美好的經驗。跟西方小說在風格或氛圍上不同的是，這個小小的故事沒有激動的情節，不講究複雜而翔實的歷史或地理或科學背景，或許是一種日本風味吧，寬鬆的排版讓人輕鬆閱讀，故事不太長讓人可以一氣呵成地讀完而不至於疲倦或忘記細節，故事也不太短讓人能夠深入情節和氣氛而獲得心靈上的共鳴。王蘊潔小姐的翻譯平順，讓我幾乎不感覺在讀翻譯，卻還是能感受到日本式的敘事風格。對於所有這些用心為我們翻譯外國作品，而且在知識與技能上具備深厚功力的譯者，我們很少有機會向她／他們致敬。

在小說裡，博士曾經花了一個禮拜（或者更長）的時間，解決一個懸賞的問題。這裡有一個心理學上的提問：一個只有八十分鐘工作記憶區的人，能夠解決大型問題嗎？即使他的推理能力和知識都存在，但是思維的過程如果超過八十分鐘就會忘記，雖然他可以把過程和中間步驟的結論寫下來，但是忘記之後重新閱讀與理解，還是需要時間，一旦那些過程中的理解離開了大腦，就不能用來推理。因此，數學家可能在失聰或失明之後還能思考大型問題（例如歐拉就是一位失明的數學家），但是在失去記憶力之後還能有所作為嗎？相對小川洋子這個美麗的故事，我的質疑只是個無聊的呢喃而已。

所謂最美的等式

本書經常說：有些概念無法用更基本的概念來解釋，語言和數學皆然。如果語言要像數學一樣指定若干公設或公理，把它們當作語言結構的基礎，則「美」應該是被指定為公設的候選詞之一。正因為「美」的無法定義，才會成為哲學家的研究課題之一。既然「美」沒有定義，當然也沒有客觀標準。所以要說哪條等式是數學中最美的，這個敘述本身並不是數學命題，無法客觀判斷真偽，而且顯然要冒著被反對的風險；就好像要指定哪個人最美也是很危險的。[5]

但是我卻可以相當大膽地告訴讀者，這條等式確實是在數學圈內具有極高共識的最美等式。反對的意見當然會有，不過還不值得圈外人注意。筆者在大一微積分課裡就被「教導」這條最美的等式。當時的老師，施茂祥教授，突然不說話，轉身認真地擦黑板。擦完一遍，拿板擦到窗外打乾淨（當年沒有吸板擦機），回來再擦一遍。全班同學顯然都注意到老師的異常行為，他用這種方式吸引了所有人的注意。然後，他在超級乾淨的黑板中央，大大地寫下

$$e^{i\pi} + 1 = 0$$

5　寫到這裡時，正好公布了2007年的「香港小姐」。報紙差不多都以「港姐歷年最醜，香港沒靚女」之類的標題來報導，稱當年香港小姐冠軍……（是）個「爆冷門」的結果。

轉頭跟我們說，這是數學中最美的等式。我不記得當時懂不懂，但是記得當時的感動。[6]

人們都說數學是個絕對客觀、絕對理性的專業，但是這並不違背數學也會追求美。數學同儕常說：數學專業教育的成效之一，是培養數學的「品味」，而品味不就是對於美的判斷嗎？我做過好幾次非正式實驗（這些實驗當然不能寫成數學論文，但是心理學者或教育學者卻可以參考），只要列出幾種等價的數學敘述，譬如同一道試題的五種不同解法，[7]或者定義同一個概念的三種等價敘述，拿去訪問數學專業工作者，請他們挑出一個最「美」的（但拒談「美」的定義），每次都有絕對多數的第一名誕生（可惜我沒試過波達計票法）。

其實我不該說得好像這是數學的特色似的，總的來說，並不只有美術工作者才追求美，各行各業滿足了實際需求之後，都追求美。教書的老師、打石的工匠、寫原始碼的程式設計師、殺豬的屠夫、風浪板上的極限運動員、泡沫紅茶的搖手，都能侃侃而談她／他們追求的「境界」，而所謂的境界難道不就是美嗎？而各種形式的藝術，不就是從各行各業的工作中，為了追求美而昇

6 　讀到這裡，某些教育學者可能想要翻桌：「美」怎可由教師告知學生？也許美並不能由教師告知，但是對於知識的感動或感染，卻可以。我絕不相信施老師是根據某個「教學法」而設計了上述教學活動（應該說是教學表演），他只是真情流露。學生不一定相信那是最美的等式，甚至不一定記得那條等式，可是對於那十分鐘的經驗，卻是不可能無感的。

7 　其實這個實驗源自於筆者在民國80年代每年七月初參加「大學聯考」數學甲、數學乙非選題的閱卷經驗。兩、三百名數學教授齊聚一堂，批閱考卷。非選題通常都有多種解法，每當有人發現一種新解法，就用大字報公告於閱卷會場，並標示該種解法的配分標準。教授們對於多種解法之中的最「美」解法，通常有高度的共識。

華出來的嗎？我們在第 4 篇說過數學是從古代測量員和計算員的工作中昇華出來的，在此意義之下，我們也可以說數學本身就是一種藝術，而數學本來就是因為追求美而創生的。

以下我們就稱前述最美的等式為歐拉等式（Euler's identity）。數學圈為什麼有很高共識地認為它最美？這個問題應該沒有確定的答案，筆者大膽假設，數學同仁是根據下列四方面的綜合判斷，而做出美的評價：簡潔、基本、深刻、幽默。

數學家認為簡潔是美德，在同樣效用的選項當中，他們一定選最簡潔的。一條等式越複雜就跟美距離越遠。例如第 7 篇說過印度天才拉馬努江提出全新形式的算 π 方法，他的公式也曾被提議為「最美」的候選公式，可是光看它那繁複的「外表」就實在不太吸引人：

$$\frac{1}{\pi} = \frac{\sqrt{8}}{99^2} \sum_{n=0}^{\infty} \frac{(4n)!}{(4^n n!)^4} \frac{1103 + 26390n}{99^{4n}}$$

對拉馬努江公式的讚嘆、崇拜、甚至敬畏都可以說，可是若要說它美，則多數人的態度就比較保留了。離題一下：這種數學上偏愛簡潔的潔癖，卻不太適合用在數學教材和科普文章的寫作上。筆者自己就有這種潔癖，多年的反省所得，就是不斷地補充、擴寫以前寫過的文稿。數理專業的讀者可能認為我的書寫太囉唆，但其他人就可能讀得比較明白。所謂魚與熊掌不可兼得，每位作者都需針對自己的假想讀者而有所取捨。

所謂「基本」是指所涉的觀念屬於數學各次領域的共同核

心。順帶一提，數學圈對於第二美的等式也有相當高的共識，而且它也出自歐拉之手：$V + F - E = 2$。它實在夠簡潔的，可是它搶不到第一名的原因可能是：式子裡的符號 V、F、E 顯然傳播的範圍比較窄，不如 i、π、e 來得廣為人知。V、F、E 所代表的觀念其實並不困難，甚至比 i、π、e 更容易解釋，但就因為不在（如今）數學的共同核心裡，也不在多數人的數學教育內容裡，所以顯得不夠基本。

要說基本，$1 + 1 = 2$ 豈不是基本中的基本，它可有資格擔任最美的等式？沒有吧。理由應該是它不夠深刻。物理和化學中，有許多重要的「常數」，數學當然也有。按照它們在歷史上出現的順序，數學中最重要的五個常數可能依序是：1，0，π，i 和 e。其中 1 是算術的開始，它標誌著數的觀念的創生。0 是哲學上最基礎的自然數，是對位記數法不可或缺的佔位記號。π 是圓周率，它標誌著一個文化在科技文明上的發展階段，而且就像前面引用王蘊潔翻譯小川洋子寫的「雖然沒有圓的出現，但來自宇宙的 π 飄然地⋯⋯」，就算沒有圓的出現，圓周率 π 卻經常在出人意料的角落裡飄然地現身。i 是單位虛數，也就是想像中具備 $i^2 = -1$ 性質的特殊單位，它在十六世紀才逐漸浮上歷史的舞台。e 稱為歐拉數（Euler number），[8] 它是自然對數的底，是統計、科學與工程領域中最自然的指函數的底，它在 1683 年從金融領域的複利問題中誕生。前面引文中「永無止境地循環下去的數字」應該是指 π 和 e，如果不是翻譯失誤的話，這裡我們要稍

8　歐拉數是 $e = 2.7182...$；注意它不是歐拉常數（Euler constant），那是另一個數。

微體諒文學家的小小差錯：π 和 e 都是「無理數」，它們寫成十進制數字時，在小數部分有「永無止境而且絕不循環的數字」。

短短的歐拉等式一口氣串起數學中最基本的五個常數，而且在等式裡用到三個最基本的計算：加、乘和次方，是不是非常的基本？可是觀察那個次方，底數是無理數，而指數是虛數，像這樣的次方計算必須通過近代數學最深刻的概念：微積分，才能定義。所以，在歐拉等式簡潔與基本的外表之下，藏著深刻的內涵。其他的數學等式，比它基本的沒它深刻，比它深刻的又沒它基本，所以最美等式的后冠就快要決定了。

最後談歐拉等式的幽默。幽默並不會比美更容易定義，要讓人對數學「會心一笑」更是困難。以下舉例說明。筆者長年負責「數學科教材教法」的授課，對象是即將完成初級數學專業教育、將來想要擔任數學教師的大學生。我用這些學生做過幾次實驗，要他 / 她們舉一個偶函數的例子，[9] 通常大家的第一反應是 $y = x^2$，要他們盡量多舉幾個例子時，通常會出現 $\cos x$ 和 $|x|$，再要他們往簡單基本的方向去想想，開始有人會說 $y = 1$ 或「常數函數」。一旦想到這裡，很快就會有人提出 $y = 0$，然後大家都笑了。在這裡，幾乎每位學到基礎數學能力的大學生都能「會心一笑」；大家經過那麼多曲折的尋覓，「那人」卻一直都在燈火闌珊處靜靜地等著我們回首。

歐拉等式也有類似的情節。當我們看著 $e^{i\pi}$ 這個看似簡單的古怪次方，小川洋子筆下的女管家就算還記得 $2^3 = 8$ 這種次方運

9　這裡僅限討論單變數實值函數，偶函數的意思是圖形對稱於縱軸的函數。

算，肯定也無法理解 $e^{i\pi}$ 的意義。數學本身也花了很長時間的探索，才達到可以提出「$e^{i\pi}$ 是什麼」這種問題的程度。起先，也許出於好奇，想要知道虛數可不可以作為指數？例如 2^i 或甚至 i^i，它們究竟有什麼可能的意義？經過很多曲折的尋覓，終於明白問題的關鍵在於如何將指函數的定義域從實數推廣到複數？它們之間的搭配是那麼的「不可能之巧合」，使人不得不敬畏地想到上帝，如果不是上帝的刻意安排，怎麼可能會有這麼巧的結合？總之，費盡千辛萬苦，發現 $e^{i\pi}$ 就只是 -1，用數學符號寫成 $e^{i\pi} = -1$。而歐拉等式只不過用了等量公理，就像小川洋子透過女管家的心情獨白：「有人加了一以後」，那條原先僅為陳述事實的等式，就忽然美了起來。

前面雖然盡力做了解釋，可是藝術的欣賞與創作，常常是一體的兩面，所以最終還是只有真正懂的人，才能獲得心靈上完全的滿足。有些藝術作品，因為比較接近眾人的生活經驗，所以即使未經訓練的「普通人」也能欣賞。可是像立體畫派、現代舞、哲學電影、無調性音樂，或者強調結構或指法的古典音樂，甚至只是用了比較多典故的志怪小說，很難完全以感官直覺和生活常識來欣賞。文化成分較豐富的藝術作品，包括數學與工程的作品在內，需要觀賞者主動的參與，而不能僅有被動的接受。觀賞者必須參與部分的再創造過程，才能達到欣賞的層次。

誠然，人生苦短，不必每件事情都那麼認真。讀者如果還願意再提高「數學最美等式」的欣賞層次，下一節將解釋為什麼 $e^{i\pi}$ 是 -1？而前述令人敬畏的「不可能之巧合」是什麼？

懂了更美

筆者曾在《科學月刊》的「數‧生活與學習」專欄裡，以連續十一個月的篇幅（每月 2 頁），以高中數學為基礎，帶領讀者真正懂得這條數學中最美的等式；最後一篇寫在 2007 年 8 月。本節不能重複那 20 頁左右的內容，我們必須簡短一點。

我們需要三條線索。這三支數學本來各有發展，是歐拉公式（Euler's formula）發現了它們的巧妙耦合，將這三條線索編織在一起。

第一條線索是虛數。想像中符合 $i^2 = -1$ 性質的單位虛數 i 並不是憑空想像出來的，它是以「公式」求解三次多項式方程 $x^3 + px + q = 0$ 的過程中必須經歷的中間步驟。讀者或許還記得，三次方程至少有一個解，不然就有三個，不會只有兩個。以「公式」求解的過程中，如果中間步驟不需處理負數的平方根，則最後僅有一個解；如果中間步驟出現了負數的平方根，也就是出現了虛數，則結果會有三個解。所以虛數可謂三次方程有三個解的必要條件，可見它的必要性。所謂虛數是指 bi 形式的數，其中 b 是一個「普通」的數；自從有了虛數觀念之後，自古以來所知的「普通」數就有了相對的名字：實數。

實數和虛數湊出一個新的數種，稱為複數，形如 $a + bi$，其中 a、b 皆為實數。[10] 複數「繼承」了實數的所有運算性質，

---

10 負數觀念乃中國本有，《九章》寫了它。複數是清朝末年李善蘭的翻譯。有一天我講課時隨口抱怨了李善蘭為何把complex number翻譯成複數，使它跟負數同音，講起來好不方便。但是剛說出這句話就想到，李先生是浙江人，以他的口音來說，負

唯一多了 $i^2 = -1$ 這條性質。根據這條規則，可知 $i^3 = i^2 \times i = -i$，$i^4 = i^3 \times i = (-i) \times i = -i^2 = -(-1) = 1$。既然 $i^4 = 1$，則 i 的 5、6、7、8 次方就會跟 i 的 1、2、3、4 次方一樣。我們另外「規定」$i^0 = 1$，則 i 的 0、1、2、3、4、5、⋯次方就會形成四項一圈的循環，依序是 1、i、-1、$-i$。以下具體列舉 i 的次方的循環現象：

i 的次方	1	2	3	4	5	6	7	8	9	10	⋯
結果	i	-1	$-i$	1	i	-1	$-i$	1	i	-1	⋯

　　第二條線索是三角比。我們在第 6 篇簡介了正弦在科學發展上的必要性，而正弦表的計算相當困難，直到微積分提供了新的方法，而那種特殊形式的計算公式觸發了自動化計算機的發展。新的正弦計算公式如下：

$$\sin x = x - \frac{x^3}{3!} + \frac{x^5}{5!} - \frac{x^7}{7!} + \frac{x^9}{9!} - \cdots，\text{其中 } x = \frac{\theta\pi}{180}$$

等號右側的規律是 (1, -3, 5, -7, 9, ...)

前面的 θ 是以「度」為單位測量角所得的數值。正弦和餘弦經常成對出現，所謂餘弦就是餘角的正弦，記作 $\cos\theta$，而它的值就是

數和複數未必同音。很幸運地，席間恰有一位來自浙江的同學，她立刻應和了這個猜想：負的浙江語音接近「福」，而「複」則接近入聲的「佛」。我順便請教了另一件事：「細胞」和「小胞」在浙江鄉音是同音詞。

$\sin\theta(90° - \theta)$。從正弦表可以查出餘弦，所以早期並沒有特別做餘弦表的必要。可是既然微積分已經發現了正弦的計算公式，也發現了正弦和餘弦之間的非常簡單關係（比平方關係更簡單），所以不費力地得到計算餘弦的公式如下：

$$\cos x = 1 - \frac{x^2}{2!} + \frac{x^4}{4!} - \frac{x^6}{6!} + \frac{x^8}{8!} - \cdots$$，x 和 θ 的意義同前

等號右側在 1 之後的規律是 (-2, 4, -6, 8, ...)

讀者應該都發現了以上兩條公式的規律性：（一）sin 的各項次方和係數都是奇數：1、3、5、7、9……，而 cos 的各項次方和係數，在 1 之後都是偶數：2、4、6、8……。（二）sin 和 cos 從第二項起皆以減、加、減、加的規律出現；如果將加、減理解為係數的正、負，則 sin 和 cos 的各項係數都以正、負、正、負的規律交替出現。

　　第三條線索是從次方計算延伸而來的指對數。對數誕生於十七世紀揭幕的時候，那時已經理解指數為分數或有限小數的意義，而對數概念夾著常用對數表一起誕生，以 10 為底的指對數可謂直接進入應用的現場（也在第 6 篇簡介過），並沒有經過學術界研究的過程。在實用的意義上，任兩個正數 x、y 的次方已經脫離了「自乘」的倒數和反運算的概念，而成為一組操作程序（演算法）。計算 x^y 的程序如下：

（1）查表找到 log$x$。

（2）計算乘法 log$x \times y$，（乘法步驟可以再用對數技巧改成

加法，略）。

（3）（反）查表，找到$10^{y\log x}$的值，此即x^y的值（概數）。
用數學式寫出以上程序即：

$$x^y = 10^{y\log x}$$

而學術界的進步則是發現，把「底數」10換成任意一個正數a
皆可以達到同樣效果：

$$x^y = a^{y\log_a x}$$

其中$\log_a$表示以a為底的對數，人們可以製造任何底數a的對
數表（反查對數表就是指數，所以我們只說對數表，但其實它包
含了指數表）。但在當時的計算問題上，以10為底的常用對數
表已經滿足了需求，所以任意底的指對數純屬學術好奇，暫時沒
有應用價值。另一個學術的問題是，如果已經接受$(-1)^{1/2} = i$，則
它就應該等價於$10^{\log(-1)g(1/2)} = i$，可是$\log(-1)$該如何解釋？

微積分發現了「換底」的存在價值。有一個唯一的特殊底，
如今記作e，由它造成的指函數e^x是（唯一的）微分不變量：它
被微分之後還是自己。用它作底的對數$\log_e$記作$\ln$，稱為自然
對數。[11]而e^x的微分不變性，使得它對應一個超級「簡單」的計

11　以一個特殊的無理數e作底，何來「自然」？這個說法其實來自微積分在十八世紀
　　的發展脈絡。如今，在所有的工程、科學、數學等專業領域，「常用」的對數是
　　$\ln$，對一般人來說，以10為底才「自然」呢！所以，「常用對數」和「自然對數」

算公式：

$$e^x = 1 + x + \frac{x^2}{2!} + \frac{x^3}{3!} + \frac{x^4}{4!} + \frac{x^5}{5!} + \frac{x^6}{6!} + \frac{x^7}{7!} + \frac{x^8}{8!} + \frac{x^9}{9!} + \cdots$$

等號右側在 1 之後的規律是 (1, 2, 3, 4, 5, 6, 7, 8, 9, ...)

跟前面 sin 和 cos 的計算公式相比，e^x 的規律更簡單，它的各項次方和係數，在 1 之後就是所有的正整數：1、2、3、…。

現在把三條線索接合在一起。如果把虛數 xi 放在 e 的指數位置，其中 x 可以是任何實數，則它的計算公式是：

$$e^{xi} = 1 + xi + \frac{(xi)^2}{2!} + \frac{(xi)^3}{3!} + \frac{(xi)^4}{4!} + \frac{(xi)^5}{5!} + \frac{(xi)^6}{6!} + \frac{(xi)^7}{7!} + \frac{(xi)^8}{8!} + \frac{(xi)^9}{9!} + \cdots$$

等號右側在 1 之後的規律是 ($1i$, $2i^2$, $3i^3$, $4i^4$, $5i^5$, $6i^6$, $7i^7$, $8i^8$, $9i^9$, ...)

因為 i 的 2、3、4、… 次方有循環性質，所以上面等式可寫成：

$$e^{xi} = 1 + xi + \frac{x^2 \cdot (-1)}{2!} + \frac{x^3 \cdot (-i)}{3!} + \frac{x^4}{4!} + \frac{x^5 i}{5!} + \frac{x^6 \cdot (-1)}{6!} + \frac{x^7 \cdot (-i)}{7!} + \frac{x^8}{8!} + \frac{x^9 i}{9!} + \cdots$$

整理係數，重寫一遍：

的名字應該互換才對。

$$e^{xi} = 1 + xi - \frac{x^2}{2!} - \frac{x^3}{3!}i + \frac{x^4}{4!} + \frac{x^5}{5!}i - \frac{x^6}{6!} - \frac{x^7}{7!}i + \frac{x^8}{8!} + \frac{x^9}{9!}i - \cdots$$

等號右側的規律變成 (*i*, -2, -3*i*, 4, 5*i*, -6, -7*i*, 8, -9, ...)

如果把「同類項」合併起來，也就是把沒有乘上 *i* 的整理到前面，有乘上 *i* 的在後面，就是

$$e^{xi} = \left(1 - \frac{x^2}{2!} + \frac{x^4}{4!} - \frac{x^6}{6!} + \frac{x^8}{8!} - \cdots\right) + \left(x - \frac{x^3}{3!} + \frac{x^5}{5!} - \frac{x^7}{7!} + \frac{x^9}{9!} + \cdots\right)i$$

沒 *i* 的規律：在 1 之後跟著 (-2, 4, -6, 8, ...)，有 *i* 的規律：(1, -3, 5, -7, 9, ...)

對照前面已知的 sin、cos 計算公式，出現驚人的巧合：沒 *i* 的部分是 cos，有 *i* 的部分是 sin。也就是說

$$e^{xi} = (\cos x) + (\sin x)\,i$$

單位虛數 *i* 是一個神祕的信使，把三角和指數連結起來了。因為把 *i* 寫在 sin *x* 後面比較醜（數學家很在乎美的），所以把 *i* 改寫到前面，就是歐拉公式：

$$e^{ix} = \cos x + i \sin x$$

在歐拉公式之後大約半個世紀，高斯把它跟圓接在了一起。

高斯把複數 $z = a + bi$ 視為直角坐標平面上某點的點坐標 (a, b)，並將同一點的極坐標 $[r, \theta]$ 寫成 $z = re^{ix}$，其中 x 和 θ 的關係如前。所以 e^{ix} 變成平面上點坐標為 $(\cos\theta, \sin\theta)$ 的點。所有這些點跟原點的距離都是 1，也就是說，當參數 x 改變時，角度 θ 跟著變，而它所對應的點 $(\cos\theta, \sin\theta)$ 繞著跟原點保持固定距離 1 的圓圈上旋轉。所以，前面小川洋子寫出女管家的理解：π 和 e「和讓人難以捉摸的虛數畫出簡潔的軌跡」，這個軌跡其實就是圓。然後「在某一點落地」，這應該是指圓與 x 軸的某一個交點，也就是 -1。後面她說「雖然沒有圓的出現」，現在我們明白，雖然表面上沒有圓的出現，但畢竟在深一層的思維中，圓一直在那裡。

歐拉公式可以將自然對數 $\ln x$ 的 x 從正數放寬到非零的複數；利用換底公式，這意味著 $\log(-1)$ 甚至 $\log i$ 也都變得可算了。例如 $\ln(-1)$ 的值就是使得 $e^{ix} = \cos x + i\sin x = -1$ 的指數 ix，解出 $x = \pi$，所以 $\ln(-1) = \pi i$。而

$$e^{\ln(-1)/2} = e^{(\pi/2)i} = \cos\frac{\pi}{2} + i\sin\frac{\pi}{2} = i$$

這就吻合了 $(-1)^{1/2} = i$ 的等式關係。再做一個練習：$\ln i$ 的值就是使得 $e^{ix} = \cos x + i\sin x = i$ 的指數 ix，解得 $x = \pi/2$，所以 $\ln i = (\pi/2) i$，故得知

$$i^i = e^{i\ln i} = e^{(\pi/2)i^2} = e^{-\pi/2} \approx 0.2079$$

相對於乘法的「負負得正」，以上關係可謂「虛虛得實」。

其實前一段已經偷渡了這個事實：$e^{i\pi} = -1$，移項之後便是「博

士熱愛的算式」。[12]

結語

本書的主題論述是：數學乃文化活動的一部分。既然虛構與非虛構的故事寫作，寫的無非是人們的活動，特別是有文化意義的活動，那麼在故事情節中涉及數學（不一定要是專業人士的數學），似乎並不需要特別地大驚小怪。但是我們的確已經大驚小怪了，這就表明含有數學情節的故事確屬罕見。從一個角度來看，數學故事、數學科普、數學通識的寫作，應該比其他領域更容易發揮才對，因為全世界的國民基礎教育裡，都含有相當份量的共同必修數學，也就是說世界各地的政府，已經主動地把全體國民培訓成為數學寫作的潛在讀者了。目前的現實表明，至少在華文世界裡，數學情節的寫作並不特別興旺。這是因為數學教育沒有達成目標呢？還是數學寫作的產能還沒被開發出來？我當然希望是後者。

延伸閱讀或參考文獻

[1]　洪萬生，《數學的浪漫：數學小說閱讀筆記》，遠足文化，2017。

12　經過這麼長的旅程，讀者對這最後一步發揮的巨大效應，感到「幽默」嗎？

後記

　　接在〈一部小說〉後面，還有〈一齣劇本〉，內容以舞台劇《Proof》的原著劇本為主，連結到數學「最老」的問題，以及第 8 篇提到二十世紀三大不可能定理的另一個。小說和劇本這兩篇都會提到單位虛數 i，接在它們後面有一篇〈複數開始的科技文明〉，將複數作為實數之推廣的脈絡，理解為從直線數到平面數的延伸，探討數學物件（有如物件導向程式語言的物件觀念）的性質繼承與功能擴充思維。平面數的自然延伸就是空間數，於是談到四元數，敘說它的理想與「失敗」：四元數解體為空間向量。當數學的成分越來越豐富，我就可以「正式」地講〈微積分的意義與價值〉。對於其社會價值，我想要提出的是在思想與工具上的推動。第 7 篇已經論述微積分所發現的公式，促使當代人思考自動計算機械的功能與構造。數學在近世科技文明中的角色是眾所皆知的（就算不知也承認），而這一篇將要論述數學的發展也刺激了義務（強迫）國民教育的發軔。

　　以上三篇已經是我的「文化脈絡中的數學」通識課的授課材料，但是一則文字初稿尚未完備，二則以十篇集結而成的這本

書，應該已經足夠高中、大學的數學教師同仁初步使用。如前言所述，這本書已經拖延了很久，而我體認到：達到自己心目中完整而完美的寫作，必然是一生的工作，如果不想把這本書拖到變成「遺作」，最好還是分階段出版吧。

前述三篇，再加上這些年我念念不忘的兩個題目：建築——凝固的數學，音樂——流動的數學，還有從第8篇測量經線長度引起的話題：測量與誤差，就接近另一本書的含量了。測量是數學最古老的兩個任務之一，發展至今早已超出土地和天文測量的範疇，而包含了心理測量與學習成效測量等等，連結第9篇又成為關心教育的話題。另一方面，誤差也引導出整個「不確定性」的思維與「確定程度」的測量，我們可以回到第5篇，從拉普拉斯和貝斯重新拉出機率與統計的思想發展脈絡。數學的另一項最古老任務是會計，第5篇已經埋設引線，讓它連向財務與金融，而理財行動顯然是現代人共有的文化經驗之一，論述數學之文化角色的書，怎可失此題？在自然科學之中，最晚使用數學的是生物領域，然而大型的基因譜計畫以及大腦探測計畫，採用電腦（也就間接採用數學）的份量可能已經超越了其他科學領域；不久前問世的東非夏娃理論以及人類大遷徙的推論，簡直就是用數學寫的新版「創世紀」。這本書已經一再指出數學和語言的關連，但我期望更深入探究語言建構的數學觀，以及從語言和歷史觀點所思考的數學課程架構。

我有沒有能力完成以上願望呢？十年之後就知道了。何況筆者本人（就像其他任何人）都不能將本書已有的題目，或者前面希望的題目，佔為己有。我個人的盼望是，素養導向的數學教育

能夠更進一步改善數學教育的品質，而數學寫作的能量也能夠跟著提高，使得各種數學小說、數學科普、數學通識的主題，都能問世。

數學真的是一種語言

郭..

國立宜蘭大學生物機電工程學系教授

一切得從那個風塵僕僕的下午第一次到國立中央大學數學系的系館談起。

2001 年我剛到宜蘭任教時，實驗室內家徒四壁，百廢待舉，但是研究工作不能就此中斷，得想辦法繼續。我一方面持續回國立臺灣大學娘家工作，一方面想找些不需要實際操作實驗的研究來進行。當時我手上有一些以前的血壓及交感神經活性的實驗數據，之前只用過快速傅立葉轉換（FFT）分析過。在面對實驗室家徒四壁的蒼涼下，有一天在焦慮的困頓中想起了當年幫我寫 FFT 分析程式的學弟，他在碩士畢業的臨別前夕曾建議我試試看 wavelet，當下心中一喜，想說現在到了一個工程科系任教，一定有同事會這一招。所以興沖沖的問了系上一位機械專長的老師，結果他只借給了我一本書，就是單維彰老師寫的《凌波初步》（凌波為他自創的 wavelet 之中譯）。那位機械專長的老師邊拿書給我還邊說，啊，這本書寫的很簡潔明瞭，又是中文的，看看應該就可以自己搞定了。

我把書拿回去勉強看了三頁就停機了，耐住性子將書本供在

書桌上二個星期後（不能立刻還回去，因為人家說這書寫的簡潔明瞭，若太早拿去還，就擺明了連這麼簡潔明瞭也看不懂，那是很沒面子的），忽然在書本的封底看到作者的連絡資訊，乾脆把心一橫，直接寫了封 E-mail 給作者，問他願不願意與一個作生物實驗的人合作研究？

沒多久就收到肯定的回信。

就這樣，單老師跟我在 2003 年開始了跨領域的交流，我也藉此機緣到了國立中央大學數學系開了兩個學期有關生物學的課（記上一筆，我大學時的微積分是重修才過的，結果，在數學系開課，豈止一個爽字）。2004 年，因著幾位優秀學生的工作，我們開始有了這方面的 SCI 論文發表。也在那年暑假，單老師拉了他的大弟子，剛到私立輔仁大學數學系任教的健彰到國立宜蘭大學聽我為數學夥伴們介紹的神經生理學，從此這個跨領域工作更有趣了。就這樣，一直到現在，與數學家們的合作，仍然是我研究工作上很重要的一環。

雖然如此，十六年來與數學家們在算是頻繁交流的討論過程中，我自己對數學工具的使用能力仍然沒什麼長進，甚至在技術細節與計算能力的掌握上，反而因為越來越疏於練習而有退步的跡象。不過這並沒有對我們的合作研究產生太大的困擾，因為在某種程度上，我與數學家們的溝通可能越來越不那麼的數學。就像 2014 年某個杜鵑花開時節的週三，我到私立輔仁大學跟健彰談完關於 Weighted Wavelet Z-Transform（WWZ）那篇文章一個數據的處理方式後，就又回到我們談論多次的那個「pattern」的問題上。到底有沒有可能不對點訊號序列做任何前處理（如取

bin 或 kernel fitting），就只把所有記錄到的神經元點訊號序列放在一起，排成一個只有 0、1 的矩陣，然後看看這個矩陣裡的 0、1 整體排列會不會出現某些特殊的「pattern」？如果有，再來看看這些「pattern」的變化形式與動物行為或生理參數之間的關係。

因為中午了，我們決定邊吃飯邊談這件事。因為在剛剛，我們決定 WWZ 那篇文章最後一個數據的處理方式之前，也是先離開辦公室，到校園內晃了一圈，好像，離開辦公室，總會晃出一些新的想法。

在餐點上來前，談了一下子，還是卡在這個難題上：那個「pattern」長什麼樣子啊？即便神經元群的訊號序列組合在某些狀態下會有個 pattern，但我們怎麼知道要如何排列這些神經元在矩陣中的列的位置，好讓這個 pattern 呈現？即便說，如果 pattern 存在的話，雖然列位沒排對，但還是會有個 pattern 出現，只是跟原來的 pattern 不同而已；但這樣，兩次實驗間，或許是記錄到的神經元數目不同，又或者是排列的方式不一樣，不就會出現無法比較的狀況？（因為列的排列不同，或是列的數目不同，那看出的 pattern 就一定會不一樣了。）

因此，我們要解的數學問題變成是：「在不知道 pattern 的長相之下，去尋找是否有個 pattern，而且，還要是能夠比較這個可能被扭曲的 pattern 和另一個被扭曲的 pattern 有什麼不同」。

當然，還有一個從來都不會缺席的問題，雜訊。這裡的雜訊指的是，在點訊號序列產生的過程中，那些因為分類錯誤所造成某些「本來是訊號的點」的移除，或是「不是訊號的點」的移

入。那就像是，我小時候所流行的，在大型運動會時，體育場邊會有許多學生坐在那邊排字。一排排的學生坐定，看著底下老師的指揮棒，迅速地拿起各種顏色的板子，遠遠看，就變成一幅幅圖案，這就是「pattern」。但我們遇到的問題是，如果學生不乖，第一排和第三排的學生對調位置，然後第五排的學生集體跑去買雞排，此外第一到第十排中都有學生溜去上廁所，還有好幾位路人甲跑進來擠在兩個學生之間。那，這個時候，老師的指揮棒若再揮舞著一樣的指令時，這個 pattern 還會是那個 pattern 嗎？

問題可能還會更複雜。這些都是時間序列，認真講，是個動態過程，亦即矩陣內的 0、1 們不是同時出現，而是從第一欄開始先出來然後換第二欄，接著第三欄，或許等到第四欄出現了，第一欄的影響就消退了，算不見了好了。也就是說，或許，在起始後的沒多久，整個矩陣內，都以只有三欄存在數字的狀況下，隨著時間軸掃過去。那個景象可以這樣想像，就是野球場上，觀眾席在跳著波浪舞的樣子：一個縱排的人同時站起來然後又坐下去，但在坐下去的同時間，緊接著隔壁排的人也站起來然後又坐下去，就這樣一直遞移著變成 sin 波。

那天，我跟健彰一邊吃飯一邊談著這個好像無解的問題，我的腦袋像是充滿了一堆閃爍中的燈泡，那個亮這個暗，此起彼落著。後來，在咀嚼米飯淡淡的甜味時，我忽然想到個定義的方式（看來某種程度，醣類還是重要的），或許就這樣說吧，就把「動態的 pattern」定義成：一群點訊號裡若有某些序列彼此之間（甚至不是整條序列，而是只有某幾段時間區間內的序列）呈現數學上不獨立的狀態（線性及想得到的非線性均不獨立），而其他的

時間序列間則呈現獨立的狀態，那這些不獨立的點訊號序列就把它稱為一種動態 pattern；然後，如果找得到一種「不獨立強度」的指標，接下來就把所有不獨立的訊號區段集中後，依照指標強度作降冪排列，這樣是不是就有個可以用來比較的排列方式？

　　兩個人越講越有趣，也想著，不只是神經訊號的處理，這個想法好像更適合用來處理 big data 的問題。討論到這裡，因為剛剛的雞腿太辣，所以我被迫結束飯局去找廁所，結束那天有趣的閒聊。

　　這是我多年來自身的經驗，很深刻：數學作為一種語言，同時，生物學也是一種語言；我與數學家們的溝通，是以語言進行的對話。

　　單老師的這本書，讓我更清楚了這一點。

圖片說明

頁 60　《太初》，來源同上，作品編號 LW326。

頁 61　上：《爬行》，來源同上，作品編號 LW327。
　　　　下：《畫廊》，來源同上，作品編號 LW410。

頁 64　龐加萊圓盤，取自維基百科。

頁 65　《極限圓盤四》，來源同《瀑布》，作品編號 LW436。

頁 66　上：《群星》，來源同上，作品編號 LW359。
　　　　下：《莫比烏斯帶一》，來源同上，作品編號 LW437。

頁 68　《水坑》，來源同上，作品編號 LW378。

頁 74　卡洛的自拍照片，取自 elpaisde-lasmaravillas.blogspot.com/p/blog-page_98.html。

頁 75　卡洛將愛麗絲裝扮成小乞丐的照片，取自 darkgothiclolita.forumcommunity.net/?t=35196831。

頁 77　《愛麗絲漫遊奇境》的「瘋茶會」插圖，由插畫家坦尼爾（John Tenniel, 1820-1914）製作的版畫，取自維基百科。

頁 82　《愛麗絲漫遊奇境》之中，坦尼爾為「素甲魚」繪製的形象，取自維基百科。

頁 85　《鏡中奇緣》之中，蛋頭蛋腦坐在牆頭上的插圖，坦尼爾的創作，取自維基百科。

頁 88　蒙特霍爾問題的圖示，取自維基百科。

頁 96　上：《愛麗絲漫遊奇境》於西元 1899 年出版的封面。
　　　　下：《鏡中奇緣》十九世紀某版本的封面。

頁 100　溫達南非自治邦發行於西元 1982 年的郵票。

頁 101　德意志民主共和國發行於西元 1981 年的郵票。

頁 102　阿拉伯聯合共和國發行於西元 1969 年的郵票。

頁 104　麥克羅尼西亞發行於西元 1999 年的郵票。

頁 105　獅子山共和國發行於西元 1983 年的郵票。

頁 107　五種正多面體的圖示，作者委託周健安繪製。

頁 108　馬爾地夫發行於西元 1988 年的郵票。

頁 109　西班牙發行於西元 1963 年的郵票。

頁 110　蒲隆地發行於西元 1973 年的郵票。

頁 113　蘇聯發行於西元 1983 年的郵票。

頁 115　巴基斯坦發行於西元 1973 年的郵票。

頁 119　法國發行於西元 1964 年的郵票。

頁 120　西班牙發行於西元 1963 年的郵票。

頁 124　義大利發行於西元 1994 年的郵票。

頁 126　波蘭發行於西元 1973 年的郵票。

頁 127　保加利亞發行於西元 1998 年的郵票。
頁 128　中華民國發行於西元 1983 年的郵票。
頁 129　中華人民共和國發行於西元 1980 年的郵票。
頁 131　法國發行於西元 1937 年的郵票。
頁 133　蘇聯發行於西元 1987 年的郵票。
頁 134　大韓民國發行於西元 2014 年的郵票。
頁 136　瑞士發行於西元 2007 年的郵票。
頁 137　德國發行於西元 1955 年的郵票。
頁 139　聖馬利諾發行於西元 1991 年的郵票。
頁 141　上：梵諦岡發行於西元 1984 年的郵票。
　　　　下：以色列發行於西元 1956 年的郵票。
頁 142　聖海倫納發行於西元 2005 年的郵票。
頁 144　捷克發行於西元 2000 年的郵票。
頁 148　徐光啟畫像，取自維基百科。
頁 153　《四庫全書》內《農政全書》第一面，中央大學圖書館藏書。
頁 159　范禮安畫像，取自維基百科。
頁 160　耶穌會會徽，取自維基百科。
頁 162　克拉克帆船，取自維基百科。
頁 165　平方展開公式的圖示，作者委託莊珺涵繪製。
頁 166　正三角形的尺規作圖法，作者委託周健安繪製。
頁 176　利瑪竇遺像，取自維基百科。
頁 179　割圓八線圖，作者委託周健安按《崇禎曆書》之插圖重繪。但原圖採
　　　　用第二象限的四分之一圓弧，重繪後改至第一象限。
頁 188　羅馬算盤，Mike Cowlishaw 攝影，取自維基百科。
頁 190　圓周率數值位數成長趨勢圖，Nageh 用 gnuplot 繪製，取自維基百科。
頁 191　割圓三圖，作者委託周健安繪製。
頁 201　艾達畫像，取自維基百科。
頁 208　馬紹爾群島發行於西元 1999 年的郵票。
頁 252　成績分布圖、犯罪數量圖皆為 PISA 釋出試題之附圖，已在文章內依
　　　　學術標準引用。
頁 253　唱片銷售統計圖為 PISA 釋出試題之附圖，已在文章內依學術標準引
　　　　用。
頁 258　由作者繪製為彩色長條圖，再委託周健安改為黑白圖。資料取自 PISA
　　　　2012 官方報告，已在文章內依學術標準引用。
頁 262　二維散布圖引自 PISA 焦點報告，原圖為彩色，改製為灰階。已在文
　　　　章內依學術標準引用。

國家圖書館出版品預行編目（CIP）資料

文化脈絡中的數學 / 單維彰 著 . -- 初版 . --
　桃園市：中央大學出版中心；臺北市：遠流，
　2020.01
　　面；　公分
　ISBN　978-986-5659-32-5（平裝）

　1. 數學　2. 文集

310.7　　　　　　　　　　　　　　108022938

文化脈絡中的數學

著者：單維彰
執行編輯：王怡靜

出版單位：國立中央大學出版中心
　　　　　桃園市中壢區中大路 300 號

　　　　　遠流出版事業股份有限公司
　　　　　臺北市南昌路二段 81 號 6 樓

發行單位／展售處：遠流出版事業股份有限公司
地址：臺北市南昌路二段 81 號 6 樓
電話：(02) 23926899　傳真：(02) 23926658
劃撥帳號：0189456-1

著作權顧問：蕭雄淋律師
2020 年 1 月 初版一刷
售價：新台幣 400 元

YL*b* 遠流博識網 http://www.ylib.com　E-mail: ylib@ylib.com